纺织服装类『十四五』部委级规划教材

童装结构设计与制版

宋金英 仇欣 著

U0163252

东华大学出版社·上海

图书在版编目（CIP）数据

童装结构设计与制版 / 宋金英, 仇欣著. -- 上海：
东华大学出版社, 2024.3
ISBN 978-7-5669-2335-6

Ⅰ.①童… Ⅱ.①宋… ②仇… Ⅲ.①童服 - 结构设
计 Ⅳ.①TS941.716.1

中国国家版本馆CIP数据核字(2024)第013878号

责任编辑　谢　未
版式设计　赵　燕
封面设计　Ivy哈哈

童装结构设计与制版
TONGZHUANG JIEGOU SHEJI YU ZHIBAN

著　者：宋金英　仇 欣
出　版：东华大学出版社
（上海市延安西路 1882 号　邮政编码：200051）
出版社网址：dhupress.dhu.edu.cn
出版社邮箱：dhupress@dhu.edu.cn
营销中心：021-62193056　62373056　62379558
印　刷：上海万卷印刷股份有限公司
开　本：889 mm × 1194 mm　1/16
印　张：14
字　数：346 千字
版　次：2024 年 3 月第 1 版
印　次：2024 年 3 月第 1 次印刷
书　号：ISBN 978-7-5669-2335-6
定　价：49.00 元

目录

目录

目录

目录

第一章
绪论

　　童装是服务于婴儿、幼儿、学龄前儿童、学龄儿童、少年儿童服装的总称，具有符合儿童体型特征，满足儿童生理和心理需求，体现儿童精神面貌的服装形制。

　　随着科技的发展、经济水平的不断提高，童装从原有的基本功能性向多元化功能性发展。在功能性具备的前提下，消费者不仅对童装的面料、色彩、纹样有时尚的需求，而且对童装的款式造型、结构制版以及工艺制作的创新性提出了新的要求。但是童装所面对的是人类生理期和心理期变化显著的阶段，不同年龄段的儿童个体之间差异明显，心理变化也很微妙，这对童装的生产影响较大。因此，设计师要通过细化儿童生长阶段，并根据不同阶段儿童的生理、心理做出正确判断，充分掌握儿童生长发育阶段的生理特点、心理需求、行为方式，然后有的放矢地进行童装结构的设计与制版，力求根据不同阶段设计出同样安全、舒适、美观的童装。

第一节 童装结构制版基本常识

一、童装结构制版常用符号（表1-1-1）

服装结构制版常用符号是服装制图重要组成部分，是结构制版的技术语言，有助于标准制版的绘制与理解。结构制版绘制符号有统一且严格的绘制标准，是服装结构制图格式的标准。

表 1-1-1 制版符号与说明

序号	名称	符号形式	说明
1	结构线		制版轮廓线、裁剪线，虚线（影示线）为下层边线
2	辅助线	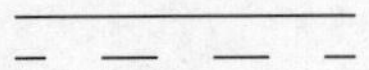	制图基础线、辅助线、框架线
3	对折线		对折不剪开
4	等分线	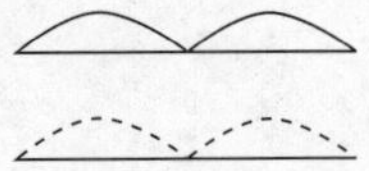	将线段分成若干等份
5	丝缕向		面料经纱方向
6	方向线	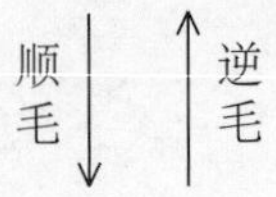 顺毛 逆毛	有毛或绒的面料的毛向和绒向
7	省缝线	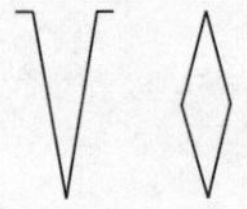	缝合差量所形成的线
8	缩褶线		面料自由收缩符号，如吃势、碎褶等
9	等长符号	 ●○■□★☆◎△▲	表示距离相等的符号
10	重叠交叉	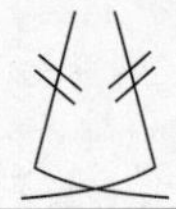	衣片放量重叠交叉，等长
11	直角符号		两条线相交呈直角
12	合并符号		版型合并、两线并一线、两片并一片
13	省略符号	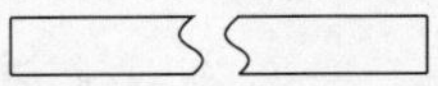	长度较长，制版图中无法全部体现
14	剪刀符号		沿图样线剪开
15	褶裥符号	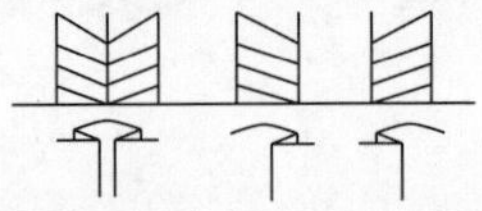	面料折叠方式，不同褶裥表现形式不同
16	斜纱符号	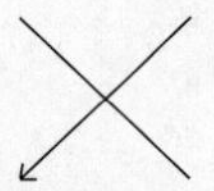	箭头所指方向为面料经纱方向

17	拔开符号		拉伸熨烫，面料变长
18	归拢符号		归拢熨烫，面料变短
19	扣位符号	⊕ ⊗ + ⊢	纽扣、扣眼位置
20	明线符号		此处车明线
21	缝止位置		缝合止点、拉链止点
22	拉链符号		此处装拉链
23	花边符号		花边的位置及长度
24	特殊放缝	△　　2	加放缝份

二、童装结构制版主要部位代号

制版时代替文字和数字，有助于保持制版画面的简洁与清晰。童装结构制版主要部位代号见表 1-1-2。

表 1-1-2 童装结构制版主要部位代号

序号	中文	英文	代号	序号	中文	英文	代号
1	胸围	bust	B	12	膝线	knee line	KL
2	腰围	waist	W	13	胸高点	bust point	BP
3	臀围	hip	H	14	肩颈点	side neck point	SNP
4	领围	neck	N	15	前颈窝点	front neck point	FNP
5	胸围线	bust line	BL	16	后颈椎点	back neck point	BNP
6	腰围线	waist line	WL	17	肩端点	shoulder point	SP
7	臀围线	hip line	HL	18	袖窿	arm hole	AH
8	领围线	neck line	NL	19	袖口	sleeve opening	CW
9	中臀围线	middle hip line	MHL	20	袖长	sleeve length	SL
10	肘线	elbow line	EL	21	裤口	bottom leg opening	SB
11	长度	length	L	22	头围	head size	HS

三、童装结构制版主要专业术语

童装结构制版专业术语是服装行业常用语言，与成人服装结构制版的专业术语含义相同，具有简洁概括、便于描述的特点，主要有外来术语和传统术语两种形式：外来术语有克夫、育克、塔克等；传统术语有领子、叠门、袖头等。其他工程技术延伸语有结构线、辅助线、轮廓图等。下文列出了服装结构制版中主要的专业术语：

1. 衣身（图 1-1-1）

上衣的主体部位，主要覆盖人体的躯干，分前、后衣身两部分。

(1) 领围线。又称领窝线、领圈线或领口线，是衣身与领子的下围线缝合在一起的线。

(2) 门襟。开扣眼的衣片。

(3) 里襟。钉纽扣的衣片。

(4) 侧缝。包括前后侧缝线，是前后衣片、裙片、裤片的分界线，也称摆缝线。

(5) 后中心线。后片正中的线。

(6) 前中心线。前片正中的线。

(7) 公主线。从肩部或袖窿处，向下经过偏离胸高点约 0.5cm 处，至衣摆底部结束的结构线。

(8) 省。将人体凹凸差量缝合后形成的线，又称省道、省量。不同位置的省，其名称不同，如胸省、领省、腰省、袖窿省、侧缝省、前中心省、后背省、腋下省、横省、门襟省等。

(9) 肩线。位于人体肩部，前后衣片肩部分界线。

(10) 总肩宽。左右肩端点的距离。

(11) 育克。上下衣片的分隔线，一般有省量隐藏，又称过肩。一般用在后片肩胛骨处较多，如肩育克。

(12) 背衩。背部开衩，后中心线处一个衩或公主线处两个衩。

(13) 摆衩。侧缝处的开衩。

(14) 塔克。衣身上有规则的装饰褶。

(15) 裥。熨烫定型的规则裥。

(16) 袢。具有装饰性和功能性的部件。有领袢、袖袢、腰袢、肩袢、吊袢等。

(17) 袖窿弧线。衣身上的袖窿线，与袖窿弧线衔接的结构线。

(18) 克夫。收袖口的结构部件。

2. 袖子（图 1-1-1）

覆盖胳膊的样片，有时与衣身相连的部分也叫袖子，如插肩袖。

(1) 袖长。肩顶点至袖口的长度。

(2) 袖窿弧线。与衣身袖窿弧线缝合的线。

(3) 袖山高。腋点至肩顶点的高度，与衣身袖窿缝合的凸状部件。

(4) 大袖。两片袖的大袖片。

(5) 小袖。两片袖的小袖片。

(6) 克夫、袖头。与袖口连缝部分，有束紧腕部的作用，同时又兼具装饰效果。

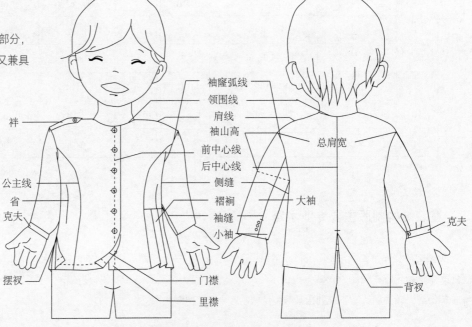

图 1-1-1 衣身、袖结构专业术语

3. 领子

围绕人体颈部的服装部件，具有保护脖颈和装饰的作用，主要有立领（直角立领、钝角立领、锐角立领）、企领（连体企领、分体企领）、扁领（水兵领）、翻驳领（平驳领、戗驳领、青果领）。不同的领型，领子的结构名称不同。

（1）立领结构制版专业术语（以钝角立领为例）（图1-1-2）：

① 立领上围线。领高的边缘线。

② 立领下围线。与衣身领窝缝合的领下口线。

③ 领后中心线。位于立领后中位置的线。

④ 领前中心线。人体颈部前中心线位。

（2）企领结构制版专业术语（图1-1-3）：

① 领座高。领子的高度。

② 翻折线。领面和领座翻折连接线。

③ 领外口线。翻领领外沿边线。

④ 领下围线和领前后中心线与立领的作用相同。

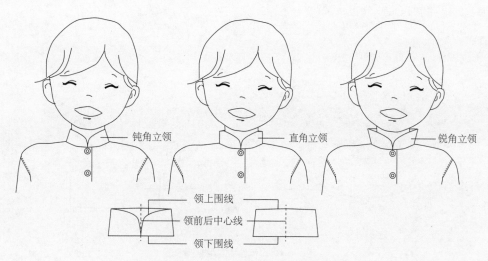

图 1-1-2 立领结构制版专业术语

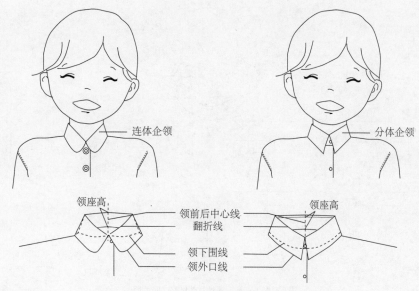

图 1-1-3 企领结构制版专业术语

（3）扁领结构制版专业术语（图1-1-4）：

扁领结构制版专业术语主要有领座高、领下围线、领外围线，其功能和作用与立领、企领的相同，在此不再赘述。

（4）翻驳领结构制版专业术语（图1-1-5）：

① 翻领。与驳领缝合在一起的领子，有连体和分体两种，连体翻领多用于女西装和休闲装；分体翻领多用于较正式的职业装和男装。结构制版名称有领外围线、领下围线、翻折线，其功能和作用与企领的相同。

② 驳领。衣身的一部分，与翻领缝合在一起后，翻折成翻驳领。

③ 驳头。门里襟上部翻折部位。

④ 领嘴。驳领与翻领连接后形成的角，一般多为直角或锐角。

⑤ 平驳头。领嘴呈直角的驳头。

⑥ 戗驳头。驳角向上形成尖角的驳头。

⑦ 串口线。翻领与驳领结合的公共线。

⑧ 翻折线。领面与领座的外翻连折线。

（5）领的其他术语：

① 领串口线。领面与挂面的缝合线。

② 挂面。上衣门襟贴边，驳领翻折外露的部分。

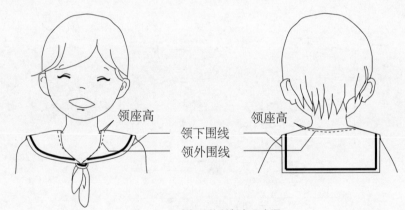

图 1-1-4 扁领结构制版专业术语

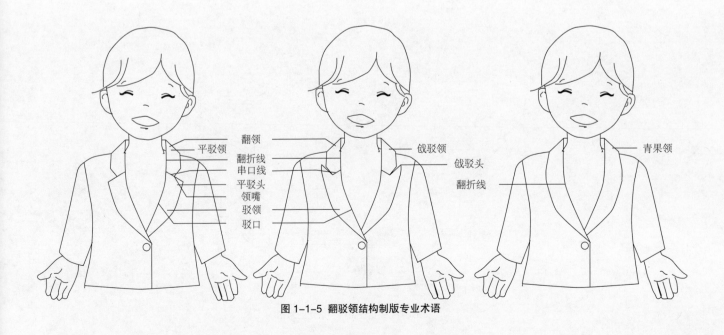

图 1-1-5 翻驳领结构制版专业术语

4. 裙子（图1-1-6）

裙子是覆盖人体下肢的样片。

（1）腰头。位于腰部，与裙身缝合在一起，具有束腰的功能。

（3）腰位线。裙身与腰头衔接的结构线。

（4）裙前后中心线。位于裙子前后的样片的正中部位。

（5）裙前后侧缝线。裙片或裤片前后分界线。

（6）省道。裙子或裤子的省道主要是腰臀省和腰腹省。

（7）裙摆线。裙子下摆的结构线。

5. 裤子（图1-1-6）

裤子是覆盖人体下肢的样片，且有大小裆将两腿分开。

（1）裤前中心线。裤子前中心线与臀围线相交的点向上至腰位线的结构线。

（2）裤后中心线。裤子后中心线与臀围线相交的点向上至腰位线的结构线。

（3）小裆缝。裤子前中心线与臀围线相交的点向下至小裆宽的弧线。

（4）后裆缝。又称大裆缝，裤子后中心线与臀围线相交的点向下至大裆宽的弧线。

（5）立裆。又称直裆、上裆，腰头上口至横裆线（裤腿分叉处），决定了裤子的舒适性。

（6）中裆。膝盖附近的位置，是裤子造型的基础。

（7）横裆。立裆下部最宽处。

（8）挺缝线。又称烫迹线或裤中线，前后裤片的中心位置，是裤型设计的基础。

（9）裤开门。裤子正常穿脱的开口，解决了腰臀差量的不足。

（10）裤外侧缝线。裤子前后片侧面的分界线。

（11）裤内侧缝线。与大小裆连接，位于腿部内侧的结构线。

（12）裤袢。固定腰带的部件。

（13）插袋。又叫挖袋，口袋的一种，是裤子结构的一部分。

（14）贴袋。独立裁剪再拼贴在裤装中的口袋。

（15）裤口。裤腿的下口边沿。

（16）翻裤口。裤口向上翻折的部分。

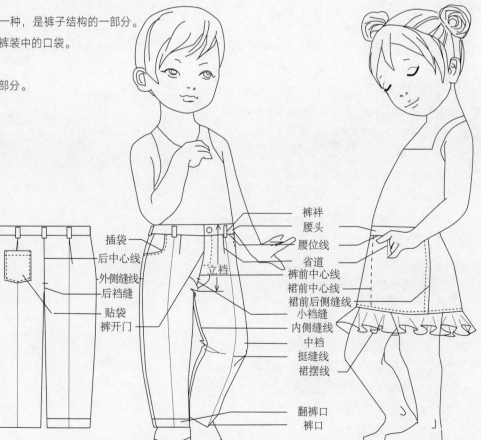

图 1-1-6 裙、裤结构专业术语

第二节 童体测量

童体测量是童装结构制版的前期工作，准确地测量数据，有助于提高童装结构制版的准确性，有助于更好地了解儿童的体型特征。

一、测量注意事项

儿童体型特征及活泼好动的行为特征决定了儿童测量与成人测量稍有不同，根据儿童特征进行科学测量，对后期童装制版至关重要，在测量过程中要注意以下事项：

（1）婴儿测量以大数据为主，如身高、胸围、腰围、臀围等，其他细节尺寸通过推算获得。

（2）围度测量。软尺以不紧绷、不松弛为准。

（3）长度测量。软尺以自然垂直状态为准，并以左侧为准。

（4）宽度测量。软尺随人体起伏测量。

（5）测量时以基准点和基准线为准。如胳膊测量时要经过肩顶点、肘点、腕部；腿部测量时要经过大转子、膝关节、脚腕；胸部测量时要经过胸高点。

（6）按顺序测量。有条不紊地测量，以免发生重复测量。

（7）测量时做好笔记，对特体部位进行标注，制版时应进行特体规划。

二、童体测量点

人体测量需根据人体的结构点而定，点连成线，决定长度，线环绕成面，形成符合人体形态的面。人体骨骼突起的点是基准点，由基准点连接而成的线是基准线，基准点与基准线在人体中是固定不动的，是人体测量数据的主要依据。童体测量点见图1-2-1。

（1）头顶。童体头部正中最高点。

（2）第七颈椎点。童体低头，后颈部突起的骨骼点。

（3）左右颈侧点。左右斜方肌前缘与肩的交点。

（4）前颈窝点。左右锁骨上沿与前中心线的交点。

（5）左右肩端点。手臂与躯干连接点的顶点。

（6）前腋点。手臂与躯干腋前的交汇点。

（7）后腋点。手臂与躯干腋后的交汇点。

（8）胸高点。胸部最高点。

（9）前腰中点。腰围线与前中心线的交汇点。

（10）后腰中点。腰围线与后中心线的交汇点。

（11）前臀中点。臀围线与前中心线的交汇点。

（12）后臀中点。臀围线与后中心线的交汇点。

（13）臀高点。臀部最高点。

（14）前肘点。肘关节内侧点。

（15）后肘点。肘关节外侧点。

（16）腰侧点。腰部与人体侧面的交汇点。

（17）手腕点。尺骨下端外侧凸出点。

（18）臀侧点。臀围线与人体侧面的交汇点。

（19）髌骨点。膝盖点。

（20）踝骨点。脚踝外侧凸点。

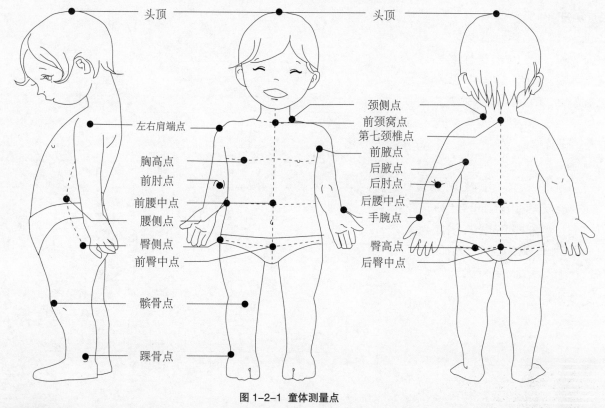

图 1-2-1 童体测量点

三、测量方法

　　童装的测量部位由童装的款式设计决定，不同款式形态决定了测量部位的不同。从人体的整体角度来看，童装测量方法主要分为长度测量和围度测量。根据童装上下装的款式形态又可分为上肢测量和下肢测量，上下肢的测量也是对人体长度和围度的测量。童体测量关键数据主要有胸围、腰围、臀围；辅助数据主要有颈围、腹围、臂根围、大臂围、小臂围、肘围、腕围、大腿根围、大腿围、髌骨围、小腿围、踝骨围。

1. 围度测量（图 1-2-2）

　　（1）颈围。颈部水平围量一周，经过左右颈侧点、第七颈椎点、前颈窝点。

　　（2）胸围。胸部水平围量一周，经过乳点。

　　（3）腰围。腰部最细处水平围量一周。

　　（4）腹围。腰围至臀围 1/2 处，水平围量一周。

　　（5）臀围。经过臀部最高点水平围量一周。

　　（6）臂根围。经过前后腋点水平围量一周。

　　（7）大臂围。臂根至肘部的 1/2 处，水平围量一周。

　　（8）肘围。肘部水平围量一周。

　　（9）小臂围。肘部至腕部的 1/2 处，水平围量一周。

　　（10）腕围。经过手腕点水平围量一周。

　　（11）大腿根围。耻骨结合处水平围量一周。

　　（12）大腿围。大腿根至髌骨线的 1/2 处，水平围量一周。

　　（13）髌骨围。又称膝围，在膝盖处水平围量一周。

　　（14）小腿围。髌骨线至踝骨的 1/2 处，水平围量一周。

　　（15）踝骨围。经过踝骨点水平围量一周。

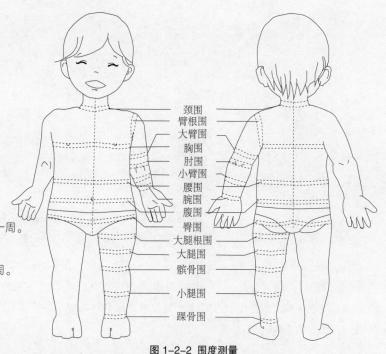

图 1-2-2 围度测量

2. 长度测量（图1-2-3）

（1）身高。头顶至地面的长度。

（2）总长。第七颈椎点至地面的长度。

（3）背长。第七颈椎点至腰围线的长度。

（4）臀高。腰围线至臀围线的高度。

（5）前长。前颈侧点经过乳点至腰围线的长度。

（6）腰高。腰围线至地面的长度。

（7）乳点高。1/2前肩线至乳点的长度。

（8）立裆深。腰围线至耻骨结合处。

（9）膝高。腰围线至髌骨线的长度。

（10）下裆长。耻骨结合处至地面的长度。

（11）臂长。肩顶点至腕部的长度。

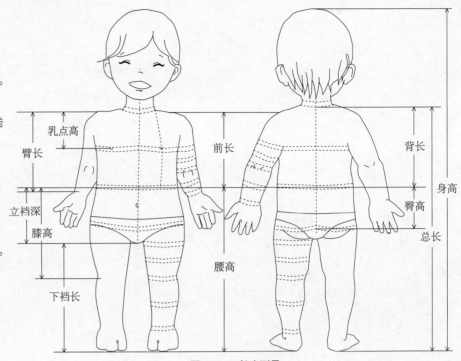

图1-2-3 长度测量

3. 宽度测量（图1-2-4）

（1）总肩宽。后背左右肩端点之间的距离。

（2）背宽。后背左右腋点之间的距离。

（3）胸宽。前左右腋点之间的距离，对于发育了的少女，由于胸部隆起，软尺应根据体表曲线测量。

（4）乳间距。左右乳点之间的距离。

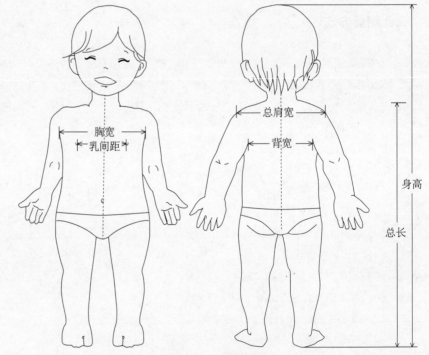

图1-2-4 宽度测量

四、童体测量数据（表1-2-1）

科学合理地测量童体数据，是儿童服装结构制版的关键，不同年龄段的儿童体型变化较大，因此制版时针对不同年龄段儿童的各部位尺寸要做到心中有数，原型制版所需尺寸只要满足胸围（B）、腰围（W）、臀围（H）、衣长、裤长、袖长即可，其他数据只作为参考数据；比例法和短寸法需要的数据较多，在满足胸围、腰围、臀围等尺寸的基础上，还需要肩宽、领围、袖窿弧长等尺寸。后文表格中的测量数据，参考了部分网络测量数据和日本文化式童装原型测量数据。为普遍意义上的儿童测量，数据误差在3cm左右，且不包括偏瘦、偏胖或特殊体型的儿童测量数据。服装结构制版时，根据不同的款式，童装的围度和长度应当加放，成衣数据应根据款式设计的要求具体设定。

表 1-2-1 童体测量数据　　　　　　　　　　　　　　　　　　（单位：cm）

年龄		身高	胸围	背长	腰围	臀围	领围	肩宽	袖长	腕围	袖弧长	头围	股上长	裤长
0.3		55	46		42				21					35
0.6		60	47		44				22					38
0.9		70	48		46				23					41
1		80	50	19	48	50	27	23	24	14	29.5	47	20	44
2		90	52	20	49	52	27.5	24	27	14.5	30	48	20.5	50
3		95	52	21.5	50	55	28	25	30	14.5	30.5	49	21	54
4		102	54	23	51	57	29	26	32	15	31	50	21	58
5		108	56	24	52	59	29.5	27	34	15	32	51	21.5	62
6		114	58	25	53	61	30	28	37	15.5	32.5	51	22	65
7	男	122	62	30.5	56	65	30.5	30	39	15.5	33.5	52	22	71
	女	120	60	30.5	54	63	30.5	30	39	15.5	33.5	52	22	69
8	男	127	64	31	57	69	31	31	41	16	34.5	52	22.5	74
	女	126	62	31	55	66	31	31	41	16	34.5	52	22.5	73
9	男	132	66	29	58	71	32	32	43	16	35	53	23	78
	女	131	64	29	56	70	32	32	43	16	35	53	23	77
10	男	137	67	30	60	72	32	33	45	16.5	36	53	23	80
	女	138	67	30	58	75	32	34	45	16.5	36	53	23	80
11	男	143	69	31.5	62	75	33	34	46	16.5	37	54	23.5	84
	女	145	70	31.5	60	75	33	34	47	16.5	37	54	23.5	87
12	男	150	72	33	63	78	33.5	36	49	17	38	54	24	88
	女	150	74	33	61	80	33.5	36	49	17	38	54	24	90
13	男	157	76	34	64	81	34	38	52	17	39	55	24	93
	女	154	78	34	62	84	33.5	37	50	17	39	55	24	93
14	男	163	80	35	66	85	35	40	53	17.5	40	56	24.5	95
	女	157	80	35	62	86	34	38	51	17.5	40	56	24.5	95
15	男	167	83	36	67	90	36	42	55	18	41	57	25	97
	女	158	81	36	63	88	34.5	40	52	18	41	57	25	96

第三节 童装号型与规格

　　童装的号型与规格具有一定的普遍性，主要适用于儿童身高与围度，"号"代表高度，以厘米（cm）为单位，是以儿童身高来选择服装的依据。"型"代表围度，主要指胸围或腰围围度。例如，上衣的号型是140/64，表示身高为138～142cm，胸围为62～66cm；下装的号型是145/63，表示身高为143～147cm，腰围为62～63cm。

一、上装号型表（表1-3-1）

　　身高52～80cm的婴儿，身高以7cm分档，胸围以4cm分档；身高90～130cm的儿童，身高以10cm分档，胸围以4cm分档；身高135～160cm的男童，身高以5cm分档，胸围以4cm分档；身高135～155cm的女童，身高以5cm分档，胸围以4cm分档。

表1-3-1　上装号型表　　　　　　（单位：cm）

身高	号	型										
52~80	52	40										
	59	40	44									
	66	40	44	48								
	73		44	48								
	80			48								
90~130	90			48	52	56						
	100			48	52	56						
	110				52	56						
	120				52	56	60					
	130					56	60	64				
135~160	135					56（女）	60（男/女）	64（男/女）	68（男）			
	140						60（男/女）	64（男/女）	68（男）			
	145							64（男/女）	68（男/女）	72（男）		
	150							64（男/女）	68（男/女）	72（男/女）		
	155								68（男/女）	72（男/女）	76（男/女）	
	160									72（男）	76（男）	80（男）

二、下装号型表（表1-3-2）

　　身高52～80cm的婴儿，身高以7cm分档，腰围以3cm分档；身高90～130cm的儿童，身高以10cm分档，腰围以3cm分档；身高135～160cm的男童，身高以5cm分档，腰围以3cm分档；身高135～155cm的女童，身高以5cm分档，腰围以3cm分档。

表1-3-2 下装号型表 （单位：cm）

身高	号	型												
52~80	52	41												
	59	41	44											
	66	41	44	48										
	73		44	47										
	80			47										
90~130	90			47	50									
	100			47	50	53								
	110				50	53								
	120				50	53	56							
	130					53	56	59						
135~160	135							59/56(男/女)	62/59(男/女)	65/62(男/女)				
	140							59(男)	62/59(男/女)	65/62(男/女)				
	145								62(男)	65/62(男/女)	68/65(男/女)			
	150								62(男)	65/62(男/女)	68/65(男/女)	71/68(男/女)		
	155									65(男)	68/65(男/女)	71/68(男/女)	74/71(男/女)	
	160											71(男)	74(男)	77(男)

三、影响童装规格设计的因素

儿童的成长过程变化较大，18岁以后身体趋于成熟，身形变化逐渐稳定，因此，儿童服装的尺寸更加灵活多变；同时，影响童装尺寸变化的因素很多，制版时要灵活运用数据库数据，并根据实际情况进行调整与修正。

1. 特殊体型

（1）肥胖体。此类儿童体型圆润，胸围、腰围、臀围尺寸大，因此重点修正胸围、腰围和臀围尺寸。

（2）消瘦体。身材瘦小的儿童，与肥胖型儿童相同，重点关注胸围、腰围、臀围尺寸大小的修正。

（3）平肩体、溜肩体。主要修正背宽、胸宽、左右肩点高度。

2. 款式造型

根据童装的款式要求进行相应的尺寸修正。例如，落肩的上衣，肩宽数据应在测量的基础上，根据实际需要增加尺寸，袖窿深相应地下降3~4cm；同样O型款式的胸腰臀数据也会发生根本性的变化，所测胸腰臀数据都将成为参考数据，但正是这些参考数据，会成为辅助款式创新设计的主要数据。

3. 面料

特殊的面料对童装的尺寸也有很大的要求，如针织、弹力面料等。

第四节 常见童装结构设计方法

童装结构设计方法主要有原型法、比例法和采寸法三种，每一种制版方法都有它的优势。制版时可根据不同的款式选择相应的制版方法，三种制版方法也可相互借鉴，特别是针对较为新颖的童装款式造型，需要多种结构设计方法进行制版验证。

一、原型法

原型法是指童装制版成符合人体形态，并具有基本呼吸量的基础样版。常见原型有美国式原型、英国式原型、法国式原型、日本式原型。美、英、法原型主要针对欧美人的体型，日本式原型主要针对亚洲人的体型。因此，目前国内高校主要以日本式原型为主，其中日本式原型又分为衣原型、袖原型、裙原型和裤原型。衣原型以人体净尺寸的胸围、背长为制版数据，进行纸样绘制，领围线长、袖窿弧线长则通过胸围尺寸推算出来，衣原型长度在腰围线处；袖原型以袖窿弧线长为依据进行袖山高的测算，并推演出袖宽和袖窿弧线长，袖长在手腕处；裙原型，以人体净尺寸的腰围、臀围、臀长为制版数据，裙原型长度在膝盖处；裤原型，以人体净尺寸的腰围、臀围、臀长为制版数据，裤原型长度在脚踝处。其特点如下：

1. 制版灵活

原型法对创新性童装结构设计具有很好的辅助作用，制版时可在原型的基础上进行结构线、装饰线、面、体的变化。如侧缝线的前后移动、造型变化；肩线的前后移动、造型变化等。

2. 所需尺寸较少

上衣制版只需胸围和背长尺寸即可，减少了测量尺寸的麻烦，但通过胸围推算出的肩斜、袖窿弧线、领围线具有一定的普遍性，不一定符合每一个个体的人体形态，因此建议相应的尺寸还需通过实际测量进行验证和修正。

3. 制图简洁

制版时不需要过多的公式和计算，相对容易掌握，同时，在后期设计其他款式结构时，不需要再考虑胸围、腰围、袖窿等结构绘制，可直接在原型上进行加放，并且能开阔设计思路和视野。

二、比例法

比例法是通过人体主要部位的测量尺寸，并通过比例推算出其他细节部位的制版方法。这种制版方法相对简单，适合款式固定、变化小的服装，如款式较为平面、固定的衬衣、夹克、西装等，是传统结构设计的一种。其特点如下：

1. 它是传统经验积累的制版方法

许多有经验的老裁缝能直接在面料上进行制版，如袖窿深、肩斜、领围等细节结构设计，能根据所测尺寸直接绘制，与原型法制版相比较，实践性强，但原理性不足。

2. 概念性强

通过实践得出的制版结论较多，不能从人体工学的角度探索服装结构的功能性。

3. 细节数据有误差

从人体关键部位所得的数据和通过比例推算出的服装细节数据之间存在一定的误差，需通过人体具体测量进行修正与完善。

4. 主要面向相对简单的传统服装结构制版，相对复杂的款式设计较难把控

三、短寸法

短寸法又叫采寸法，通用于二十世纪六七十年代，这种结构制版对测量数据要求很高，需测量的部位也较多，如胸围、腰围、臀围、肩宽、背宽、胸宽、袖长、领围、衣长等，并根据所测尺寸进行具体绘制。其特点如下：

1. 对人体测量技巧要求较高

需要有专业的量体技术和经验，要求测量数据科学准确。

2. 多用于常规款式

短寸法的尺寸要求较多，是针对具体服装款式进行的尺寸测量，结构制版完成的服装较符合人体造型，具有较强的适体性和舒适性，但对创新性较强的款式结构设计相关数据无法把控。

3. 较全面的人体尺寸测量数据库

适合用于短寸法的结构制版，能极大地发挥其适体修身的作用，且较快捷方便，如旗袍等。

4. 由于测量数据较多，对于身体发育较模糊的婴幼儿应用不是很广泛

【课后练习题】

（1）掌握儿童规格型号。
（2）熟练掌握儿童人体测量的方法。
（3）测量至少3个童体，并将数据进行整合比对，找出其共性和差异性。
（4）掌握儿童服装专业术语。

【课后思考】

（1）童体测量应注意哪些方面？
（2）儿童体型与人体测量的内在关系。

第二章
童装原型结构制版

学习内容

- 童装原型的结构特点
- 童装原型的结构名称
- 童装原型的制版原理与方法

学习目标

- 正确了解童装的结构名称
- 熟练掌握童装原型的制版原理与技巧

　　本章采用原型法进行童装的结构设计与纸样绘制。原型法是在满足人体基本活动量和舒适度的情况下，绘制出符合人体基本造型的衣片结构的制版方法。这种制版方法灵活、方便，对于不同款式造型的结构设计与变化有很大的帮助，与比例法结构制版相比，在设计上具有更强的灵活性。

　　通过对童装衣原型的分析和研究不难发现，这种制版方法实际上是将童装结构设计分成两个步骤：一是按照功能性制成服装的基本造型；二是在满足人体基本需求的情况下进行服装款式的审美化变化。一系列有的放矢的两步走，使童装结构设计的原理性更加明确，有助于初学者理解与掌握；在童装制版的准确性的基础上，方便童装结构设计科学合理的结构变化与创新，为创意性的童装结构设计提供了广阔的设计平台。

　　相比而言，原型法在国外的运用已经比较广泛，且形成了较为完备的体系。不同国家根据不同的认识和理解，形成了适合自身结构设计意图的原型。不同的原型制版虽然在制版技巧和某些尺寸设定上有区别，但其结构设计原理与制版技巧大同小异，都是以人体的基本形态为结构设计基础，并将其平面化，同时，量化原型针对人体部位的具体尺寸设定，从而为创新性结构设计设立变化的坐标。无论遇到什么样的款式造型，都能在原型基本原理的引导下，有目的地进行加放、缩短、变形和修正，即可得到想要的创新性款式造型。

第一节 儿童期衣、袖原型结构制版原理与方法

　　儿童期主要指 0 ~ 12 岁，此阶段的儿童虽然发育迅速，生理、心理发生巨大变化，但是其体型特征男女划分不明显，具有很强的共性。本节将对儿童期衣原型、袖原型进行制版原理和方法研究与讲解。

一、儿童期衣原型

（一）衣原型结构名称（图 2-1-1）

　　对童装原型结构名称的认知，有助于绘制儿童期原型。虽然童装原型分为儿童期原型和少女原型两种制版结构，但结构名称相同。

1. 横向辅助线

　　（1）上平线。是绘制原型领围线、肩线的辅助线。

　　（2）胸围线。位于人体的胸围，是确定背宽线、胸围宽度和胸高点的辅助线。

　　（3）腰围辅助线。位于人体腰部，是绘制腰省和腰围线的辅助线。

2. 竖向辅助线

　　（1）前中心线。位于人体躯干的前中心线，是绘制前片左右衣片的辅助线，也是前领和门襟结构制版的依据。

　　（2）后中心线。位于人体躯干的后中心线，是绘制后片左右衣片的辅助线，也是后领制版的依据。

　　（3）袖窿深线。是绘制胸围线、袖窿弧线的辅助线。

　　（4）胸宽线。人体前半部分的宽度，也是绘制前袖窿弧线的辅助线。

　　（5）背宽线。人体后半部分的宽度，是绘制后袖窿弧线的辅助线。

　　（6）前后侧缝线。位于人体侧面的 1/2 处。

3. 结构线

　　（1）后领围线。位于人体的后颈部，经过第七颈椎点和后颈侧点。

　　（2）前领围线。位于人体的前颈部，经过前颈窝点和前颈侧点。

　　（3）后袖窿线。位于人体与后臂的衔接处，经过后肩点、背宽线和腋点。

　　（4）前袖窿线。位于人体与前臂的衔接处，经过前肩点、胸宽线和腋点。

　　（5）腰围线。位于人体腰部，是符合人体腰部形态的结构线。又分为前腰围线和后腰围线。

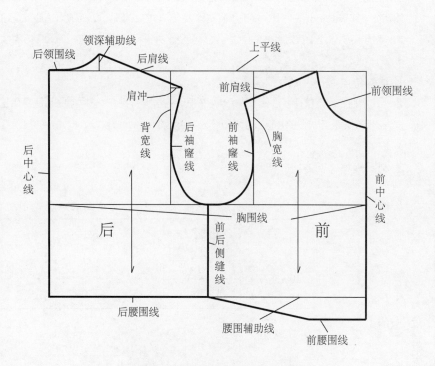

图 2-1-1 儿童衣原型结构线名称

4. 结构点（图2-1-2）

（1）前颈窝点。是人体颈部与躯干的衔接点，位于人体前中心线与脖颈的交汇点。

（2）后颈点。人体的第七颈椎骨，当人低头时，凸起的脊椎骨点，也是躯干与后颈的衔接点。

（3）前后颈侧点。颈侧部与躯干的衔接点，是前后肩线和前后领弧线的分界点。

（4）前后肩点。位于人体肩部的顶点。

（5）前后腋点。侧缝线与前后袖窿弧线的交点。

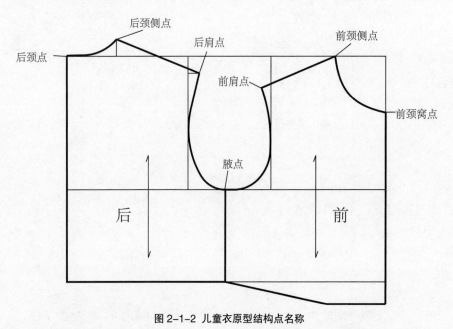

图2-1-2 儿童衣原型结构点名称

（二）儿童期衣原型的绘制方法与技巧

衣原型以胸围和背长为所需尺寸，结构图符合人体形态且满足人体基本活动量。结构图细节尺寸以胸围尺寸为依据进行计算得出，但由于个体之间的差异性，胸宽、背宽、颈围、臂围等人体部位尺寸并不一定成正比，如胸围较大，颈围、臂围和肩宽较小的人体特征，或胸围较小，颈围、臂围和肩宽较大的人体特征等情况，因此，童装衣原型结构制版只针对普遍意义上较常见的儿童人体形态，对于特殊体型，应对特体部位进行具体测量，并进行修正与完善。

1. 结构特点

儿童期衣原型是适合0～12岁的儿童服装的结构制版，这一时期的儿童身体正处于生长发育迅速的时期，因此，以原型为基样进行不同时期和年龄段的儿童服装制版较为灵活和方便。此原型以5岁儿童的尺寸为标准。

2. 制图规格（表2-1-1）

表2-1-1 儿童期衣原型制图规格　　　　　　　（单位：cm）

号型	部位名称	胸围	背长
100/56A	净体尺寸	56	24
	成衣尺寸	70	24

3. 制版方法（注：B 为净胸围）

◆ **基础线**（图 2-1-3）

① 作长方形。宽为背长 =24cm，长为 B/2+7cm（儿童活动量），长方形的右边为前中心线，左边为后中心线，上为上平线，下为腰围辅助线。

② 袖窿深点。B/4+0.5cm。

③ 胸围线。以袖窿深点为基点作平行于腰围辅助线和上平线的线。

④ 背宽线。1/3 胸围线向侧缝线进1.5cm，以此为基点作后中心线的平行线并上交于上平线。

⑤ 胸宽线。1/3 胸围线向侧缝线进0.7cm，以此为基点作前中心线的平行线并上交于上平线。

⑥ 前后侧缝线。以胸围线宽的 1/2 为基点作前后中心线的平行线并相交于腰围辅助线。

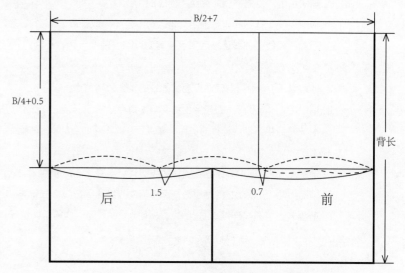

图 2-1-3 儿童衣原型结构基础线

◆ **结构线**（图 2-1-4）

① 后领围线。

    A. 后领宽。以后中心点为基点量B/20+2.5cm 为后领宽。

    B. 后领深。以后领宽为基点垂直上升 1/3 后领宽为后领深，同时也得到后颈侧点。

    C. 后领弧线。曲线连接后中心点、后颈侧点，在距离后中心点的1.5 ~ 2cm 处与上平线相切。

② 前领围线。

    A. 前领宽。前领宽 = 后领宽，前颈侧点完成。

    B. 前领深。前领深 = 后领深 +0.5cm。

    C. 前领弧线。以前领宽和前领深为基点作矩形，以前中心点为基点

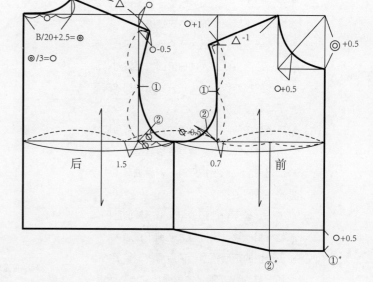

图 2-1-4 儿童期衣原型结构制版

作对角线，在对角线上取 1/3 后领宽 +0.5cm 确定辅助点，曲线连接前颈窝点、辅助点、前颈侧点，前领弧线完成。

③ 后肩线。

    A. 后肩斜辅助点。以背宽线与上平线的交点为基点向下测量 1/3 后领宽。

    B. 后肩点。在后肩斜辅助点上垂直向外取 1/3 后领宽 -0.5cm，为后肩点。

    C. 后肩线。直线连接颈侧点和后肩点，后肩线完成。

④ 前肩线。

    A. 前肩斜。上平线与胸宽线的交点向下测量 1/3 后领宽 +1cm。

    B. 前肩线辅助点。直线连接前颈侧点和前肩斜辅助点，长度为后肩线长度 -1cm，前肩线完成。

⑤后袖窿弧线。

　　A. 辅助点①。后肩斜辅助点至胸围线的 1/2。

　　B. 辅助点②。背宽线与胸围线交角的角平分线，取长度为 1/2 背宽线至侧缝线的距离，确定辅助点②。

　　C. 后袖窿弧线。曲线连接后肩点、辅助点①、辅助点②、后腋点，后袖窿弧线完成（后袖窿弧线与肩线呈直角）。

⑥前袖窿弧线。

　　A. 辅助点①´。前肩斜辅助点至胸围线的 1/2 为辅助点①´。

　　B. 辅助点②´。前胸宽线与胸围线交角的角平分线，长度为 1/2 背宽线至侧缝线 -0.5cm 为辅助点②´。

　　C. 前袖窿弧线。曲线连接前肩点、辅助点①´、辅助点②´、前腋点（前肩线与前袖窿弧线呈直角）。

⑦前腰节线。

　　A. 辅助点①"。前中心线与腰围辅助线的交点下降 1/3 后领宽 +0.5cm。

　　B. 辅助点②"。以 1/2 胸宽线为基点作前中心线的平行线，长度与胸围线至辅助点①" 的长度等长。

　　C. 前腰节线。直线连接辅助点①"、辅助点②"，同时与前后侧缝线直线连接，前腰节线完成。

至此，儿童期衣原型结构制版完成。

（三）儿童期衣原型制版注意事项

（1）胸围所加尺寸。因为是半身制图法，因此整体胸围尺寸为 B+14cm，14cm 为原型的放松量，它大于成人的放松量，这是由儿童活泼好动、不受束缚的特点决定的。

（2）背宽大于胸宽。背宽大于胸宽是由于人体手臂的活动量主要在人体的前部，手臂对背部有一定的拉伸作用，通过背宽量的加放来满足手臂伸展的功能性。

（3）前后肩点与前后袖窿弧线的造型。前后肩线与后袖窿弧线造型必须呈直角造型，只有这样，当前后肩点相拼接时，前后袖窿弧线才能呈平滑圆顺状态。

（4）前下份。前下份的形成与儿童挺胸凸肚的体态特征相一致，胸围越大，前下份越大。

（5）由于原型的前后领围、前后肩线、前后袖窿弧线、袖深线等都是由胸围尺寸计算所得，因此在计算数据和绘图时有一定的片面性，成衣制版时应根据儿童身体的具体尺寸进行纸样的修正与完善。对于特殊的体型，应具体情况具体制版。

（6）结构制版结束，要进行前后肩线纸样拼接，检查前后肩点衔接处的袖窿线和前后颈侧点处的领围线是否圆顺，避免出现尖角、钝角（图 2-1-5）。

二、儿童期袖原型

（一）袖原型结构名称（图 2-1-6）

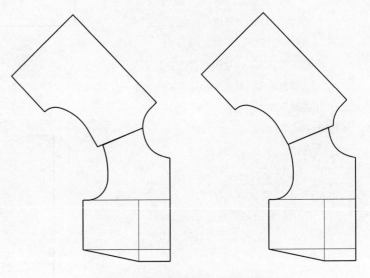

图 2-1-5 衣原型领围线、袖窿线对位

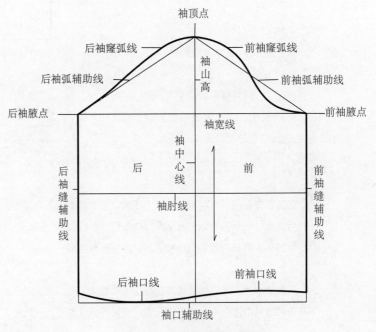

图 2-1-6 儿童袖原型结构名称

1. 横向辅助线

（1）袖宽线。袖宽线的辅助线，是确定前后袖宽和袖山高度的辅助线。

（2）袖肘线。位于人体手臂的肘部向上 2cm 处，是特殊袖型结构设计变化的参照线。

（3）袖口辅助线。位于手臂的腕部，是原型袖袖口制版的参照线。

2. 竖向辅助线

（1）前袖缝辅助线。是前袖缝线绘制的辅助线。

（2）后袖缝辅助线。是后袖缝线绘制的辅助线。

（3）袖中心线。位于袖原型的中心部位，是前后袖片的分界线，顶点与人体的肩顶点对应，是前后袖宽绘制的参照线。

3. 结构线

（1）前袖窿弧线。与衣身前袖窿线衔接的部分，一般情况下，长于前袖窿弧线 1 ~ 2cm，或等长。

（2）后袖窿弧线。与衣身后袖窿线衔接的部分，一般情况下，长于后袖窿弧线 1 ~ 2cm，或等长。

（3）后袖缝线。与前袖缝线相拼接，两条线等长。

（4）前袖缝线。与后袖缝线相拼接，两条线等长。

（5）袖口线。位于手腕处，弯曲顺滑的结构线造型符合童体腕部的特征。

4. 结构点

（1）袖山顶点。与人体肩顶点对应，是袖与衣身缝制过程中的参照点。

（2）前后袖腋点。位于人体腋下，是前后袖缝线绘制的参考点。

（二）儿童期袖原型的结构制版原理与方法

1. 结构特点

基础袖的制版方法，形式为一片袖，符合人体胳膊的基本造型，是各种袖型变化的基础。成衣袖应在此基础上根据具体的结构设计要求进行修正与完善。

2. 制图规格（表 2-1-2）

表 2-1-2 儿童期袖原型制图规格　　　　　　（单位：cm）

号型	部位名称	袖长	袖山高
100/56A	净体尺寸	34	7
	成衣尺寸	36	8

3. 制版方法

◆ **基础线**（图 2-1-7）

① 十字线。作相互垂直的十字线，横向线为袖宽辅助线，竖线为袖中心线辅助线。

② 袖山高。以十字线的交点为基点向上量取袖山高度。袖山高度应从其功能性和审美性两个方面考虑，一般情况下 1 ~ 5 岁儿童袖山高度为 AH/4+1cm，6 ~ 9 岁儿童袖山高度为 AH/4+1.5cm，10 ~ 12 岁儿童袖山高度取 AH/4+2cm。儿童袖山高度一般较低，是为了增加儿童袖型的舒适性。

③ 袖长。袖长是在 100/56A 规格中儿童臂长 34cm 的基础上加了 2cm 的量，盖住手腕，制版时以袖山顶点为基点，沿袖中心线直接向下量取袖长 =36cm。

④ 袖口辅助线。以袖长为基点作袖宽辅助线的平行线。

⑤ 前袖宽线。以袖山顶点为基点，向前袖宽辅助线测量长度为衣原型前袖窿线 +0.5cm。

⑥ 后袖宽线。以袖山顶点为基点，向后袖宽辅助线测量长度为衣原型后袖窿线 +1cm。

⑦ 前后袖缝线。以前后袖宽线为基线作袖中线的平行线，并交于袖口辅助线。

⑧ 袖肘线。袖长的 1/2 加 2.5cm，以此点为基点作袖宽辅助线的平行线。

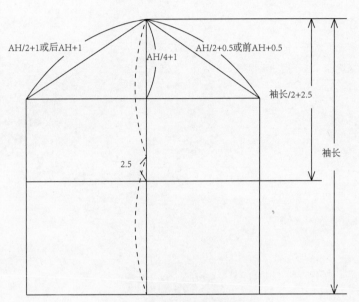

图 2-1-7 儿童期袖原型基础线制版

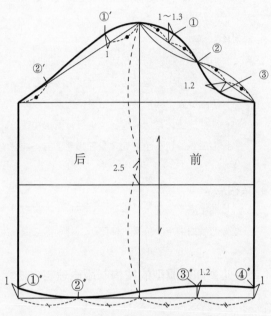

图 2-1-8 儿童期袖原型结构制版

◆ **结构线**（图 2-1-8）

① 前袖窿弧线

   A. 辅助点①。取 1/4 后袖斜线点，垂直上升 1 ~ 1.3cm，确定辅助点①。

   B. 辅助点②。1/2 前袖斜线点为辅助点②。

   C. 辅助点③。取靠近袖宽线的 1/4 袖斜线点，垂直下降 1.2cm，确定辅助点③。

   D. 袖窿弧线。曲线连接袖山顶点、辅助点①②③和前袖宽线，袖窿弧线完成。

② 后袖窿弧线

   A. 辅助点①′。以袖山顶点为基点，在后袖斜线上向下测量 1/4 前袖斜线的长度，同时垂直上升 1 ~ 1.3cm，确定辅助
    点①′。

   B. 辅助点②′。以后袖宽与后袖斜线的交点为基点，向上测量 1/4 前袖斜线的长度为辅助点②′。

   C. 后袖窿弧线。曲线连接袖山顶点、辅助点①′，并与辅助点②′相切，后袖窿弧线完成。

③ 袖口线

   A. 辅助点①″。后袖缝线与袖口辅助线的交点向上 1cm 为辅助点①″。

   B. 辅助点②″。后袖口宽辅助线的 1/2 为辅助点②″。

   C. 辅助点③″。前袖口辅助线宽的 1/2 垂直上升 1.2cm 为辅助点③″。

   D. 辅助点④″。前袖口辅助线与前袖缝线的交点上升 1cm 为辅助点④″。

   E. 袖口线。曲线连接辅助点①″②″③″④″，袖口线完成。

（三）儿童期袖原型制版注意事项

1. 袖山高

袖山高决定袖型美观程度和活动量，袖山越高，活动量降低，袖型修长美观；反之，袖山越低，活动量增加，袖型肥大，美观程度降低。袖山高度以不妨碍儿童基本活动量为主要依据，袖山高度最低时可为零，若出现此类情况，一片袖会变为中式袖。当袖山高为负值时，袖山顶点低于前后袖斜线，当出现这类情况时，衣身应加以配合，形成另类的服装款式造型（图2-1-9）。

2. 前后袖宽线

前后袖宽线由袖山的高低决定，袖山越高，前后袖宽线越短，反之则越长。

3. 前后袖窿弧线

前后袖窿弧线的辅助点①①′垂直上升的数据与袖山高有关，袖山越高，辅助点①①′垂直上升的尺寸越大，反之，则越小。

4. 袖口弧线

袖原型的袖口线呈圆滑的弧线形，它符合胳膊与腕部前倾形成扁圆造型。当袖口长度超过腕部，其造型多选择直线型袖口。

图 2-1-9 袖山高与袖肥的反比关系

第二节 少女衣、袖原型结构制版原理与方法

一、少女衣原型

1. 结构特点

13～16岁的年龄段处于儿童与成年人的过渡时期，也是人体发育显著的时期，体态造型介于儿童和成年人体型之间。因此，结构制版不同于儿童期原型，也不同于成年人的原型。

2. 制图规格（表2-2-1）

表2-2-1 少女衣原型制图规格　　　　　　　　　（单位：cm）

号型	部位名称	胸围	背长
150/72A	净体尺寸	72	33
	成衣尺寸	84	33

3. 制版方法

◆ 基础线（图2-2-1）

（1）作长方形。宽为背长=33cm，长为B/2+6cm（基本活动量），长方形的右边为前中心线，左边为后中心线，上为上平线，下为腰围辅助线。

（2）袖窿深点。B/6+7cm。

（3）胸围线。以袖窿深点为基点作平行于腰围辅助线和上平线的线。

（4）背宽线。以袖窿深点为基点在胸围线上向里取B/6+4.5cm，以此为基点作后中心线的平行线上交于上平线。

（5）胸宽线。以前中心线与胸围线的交点为基点向里进B/6+3cm，以此为基点作前中心线的平行线上交于上平线。

（6）前后侧缝线。以胸围的1/2为基点作前后中心线的平行线交于腰围辅助线。

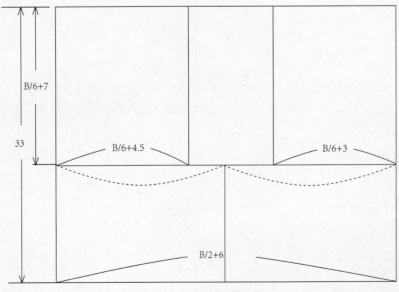

图2-2-1 少女衣原型基础线

◆ **结构线**（图 2-2-2）

（1）后领弧线。

　① 后领宽。以后中心点为基点量 B/20+2.7cm 为后领宽。

　② 后领深。以后领宽为基点垂直上升 1/3 后领宽为后领深，同时也是颈侧点。

　③ 后领弧线。曲线连接后中心点、颈侧点，在距离后中心点的 1.5 ~ 2cm 处与上平线相切。

（2）前领弧线。

　① 前领宽。前领宽 = 后领宽，前颈侧点完成。

　② 前领深。前领深 = 后领深 +1cm。

　③ 前领弧线。以前领宽为基点垂直下降 0.5cm 为辅助点①，同时以前领宽和前领深为基点作矩形，并作对角线，以前中心线与上平线的交点为基点在对角线上取后领宽 +0.3cm 为辅助点②，曲线连接辅助点①、②及前领深，前领弧线完成。

（3）后肩线。

　① 后肩斜辅助点。以背宽线与上平线的交点为基点向下测量 1/3 后领宽，确定后肩斜辅助点。

　② 后肩点。在后肩斜辅助点上垂直向外取 2cm，又称为肩冲点。

　③ 后肩线。直线连接颈侧点和后肩冲点，后肩线完成。

（4）前肩线。

　① 前肩斜辅助点。上平线与胸宽线的交点向下测量 2/3 后领宽，确定前肩斜辅助点。

　② 前肩线。直线连接前颈侧点和前肩斜辅助点，长度为后肩线长度 -1.5cm（肩胛骨省大），前肩线完成。

（5）后袖窿弧线。

　① 辅助点①′。后肩斜辅助点至胸围线的 1/2。

　② 辅助点②′。背宽线与胸围线交角的角平分线，取长度为 1/2 背宽线至侧缝线的距离 +0.2cm，确定辅助点②′。

　③ 后袖窿弧线。曲线连接后肩点、辅助点①′、辅助点②′、后腋点，后袖窿弧线完成（后袖窿弧线与肩线呈直角）。

（6）前袖窿弧线。

　① 辅助点①″。前肩斜辅助点至胸围线的 1/2。

　② 辅助点②″。前胸宽线与胸围线交角的对角线上取长度为背宽线至侧缝线的 1/2 减 0.5cm。

　③ 前袖窿弧线。曲线连接前肩顶点、辅助点①″、辅助点②″、前腋点（前肩线与前袖窿弧线呈直角）。

（7）胸高点。1/2 前中心线至胸宽线的距离向侧缝线进 0.7cm，以此点为基点垂直下降 3 ~ 4cm 为胸高点，即 BP 点。

（8）前腰节线。

　① 辅助点①‴。前中心线与腰围辅助线的交点下降 1/3 前领深。

　② 辅助点②‴。延长胸高点，使胸高点所在线段长度与胸围线至辅助点①‴的长度等长。

　③ 前腰节线。直线连接辅助点①‴、辅助点②‴，同时与前后侧缝线直线连接，前腰节线完成。

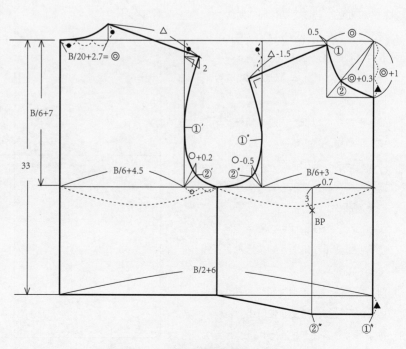

图 2-2-2 少女衣原型结构制版

4.少女衣原型制版注意事项

（1）背长。背长的尺寸在 32 ~ 36cm，通常情况下不会超出这个尺寸范围。

（2）背宽和胸宽。背宽和胸宽尺寸差为 1.5cm，是由手臂的活动范围和活动量决定的。

（3）前颈侧点。前颈侧点垂直下降 0.5cm，说明人体趋向于成人造型，背部略有前倾微斜。

（4）胸高点。出现胸高点，但其侧缝线与成人衣原型的呈倾斜状的侧缝线有所不同，说明胸部特征不是特别明显。

（5）前后肩点。前后肩线在肩点处与袖窿弧线呈直角，只有这样肩与袖弧才能呈圆顺状。

二、少女袖原型

1.结构特点

少女袖原型的结构特点与儿童袖原型的结构制版特点相同，都符合人体胳膊的基础袖型，是各种袖型变化的基础。

2.制图规格（表 2-2-2）

表 2-2-2 少女袖原型制图规格　　　　（单位：cm）

号型	部位名称	袖长	袖山高
150/72A	净体尺寸	49	15
	成衣尺寸	51	15

3.制版方法

◆ 基础线（图 2-2-3）

（1）十字线。作相互垂直的十字线，横线为袖宽辅助线，竖线为袖中线辅助线。

（2）袖山高。以十字线的交点为基点向上量取袖山高度为 AH/4+2.5cm。

（3）袖长。以袖山顶点为基点向下取袖长 =51cm。

（4）袖口辅助线。以袖长为基点作袖宽辅助线的平行线。

（5）前袖宽线。以袖山顶点为基点，向前袖宽辅助线测量长度为 1/2 前后袖窿弧线总长 +0.5cm。

（6）后袖宽线。以袖山顶点为基点，向后袖宽辅助线测量长度为 1/2 前后袖窿弧线总长 +1cm。

（7）前后袖缝线。以前后袖宽线为基线作袖中线的平行线，并交于袖口线。

（8）袖肘线。1/2 袖长 +2.5cm，以此点为基点作袖宽辅助线的平行线。

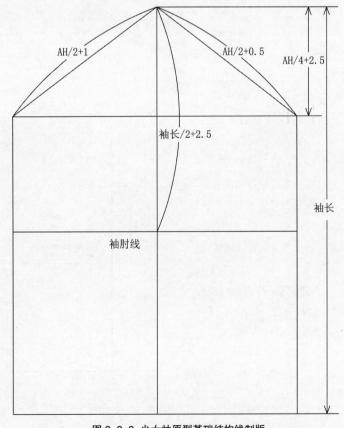

图 2-2-3 少女袖原型基础结构线制版

◆ 结构线（图 2-2-4）

（1）前袖弧线。

　　① 辅助点①。取 1/4 后袖斜线，垂直上升 1.6cm，确定辅助点①。

　　② 辅助点②。1/2 前袖斜线下降 1cm 为辅助点②。

　　③ 辅助线③。取靠近袖宽线的辅助点②下降 1cm 至前袖宽线的 1/2 处，垂直下降 1.3cm，确定辅助点③。

　　④ 袖弧线。曲线连接袖山顶点、辅助点①②③和前袖宽线，袖弧线完成。

（2）后袖弧线。

　　① 辅助点①′。以袖山顶点为基点，在后袖斜线上向下测量 1/4 前袖斜线的长度，同时垂直上升 1.5cm，确定辅助点①′。

　　② 辅助点②′。以后袖宽与后袖斜线的交点为基点，向上测量 1/4 前袖斜线的长度为辅助点②′。

　　③ 后袖弧线。曲线连接袖山顶点、辅助点①′，并与辅助点②′相切，后袖弧线完成。

（3）袖口线。

　　① 辅助点①″。后袖缝线与袖口辅助线的交点向上 1cm 为辅助点①″。

　　② 辅助点②″。后袖口辅助线的 1/2 为辅助点②″。

　　③ 辅助点③″。前袖口辅助线的 1/2 垂直上升 1.5cm 为辅助点③″。

　　④ 辅助点④″。前袖口辅助线与前袖缝线的交角上升 1cm 为辅助点④″。

　　⑤ 袖口线。曲线连接辅助点①″②″③″④″，袖口线完成。

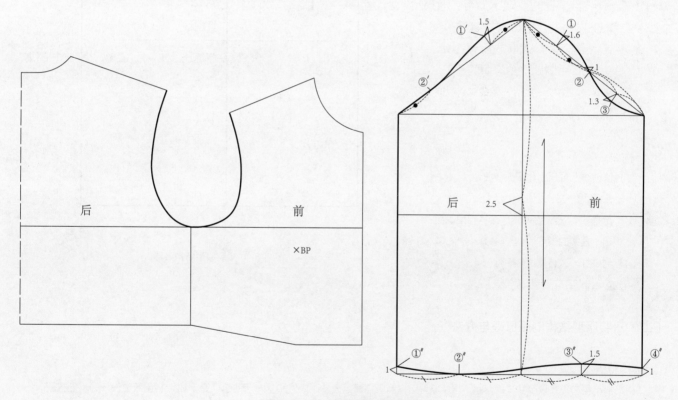

图 2-2-4 少女袖原型结构线制版

第三节 下装原型结构制版原理与方法

童装下装主要包括裙子和裤子，裙子又分为半裙和连衣裙，裙装原型主要是针对半裙设定的基样。裙子和裤子的基样特点是裙、裤型合体，满足基本活动量，是裙子和裤子结构创新性设计的基础。

一、裙装原型（图 2-3-1）

（一）裙装原型结构名称

1. 横向辅助线

（1）上平线。裙腰围线辅助线。

（2）下平线。裙摆辅助线。

2. 竖向辅助线

（1）前中心线。位于人体下肢前中心处，是绘制前片左右裙片的辅助线。

（2）后中心线。位于人体下肢的后中心处，是绘制后片左右裙片的辅助线。

（3）侧缝线辅助线。是裙子侧缝线制版的参照线。

3. 结构线

（1）腰围线。位于人体腰部最细处。

（2）臀围线。位于人体臀围最大处。

（3）裙摆线。裙长结束线，根据裙型确定裙子摆线的长度。

（4）侧缝线。人体侧面 1/2 处。

（5）前后省量。前后腰臀差量。

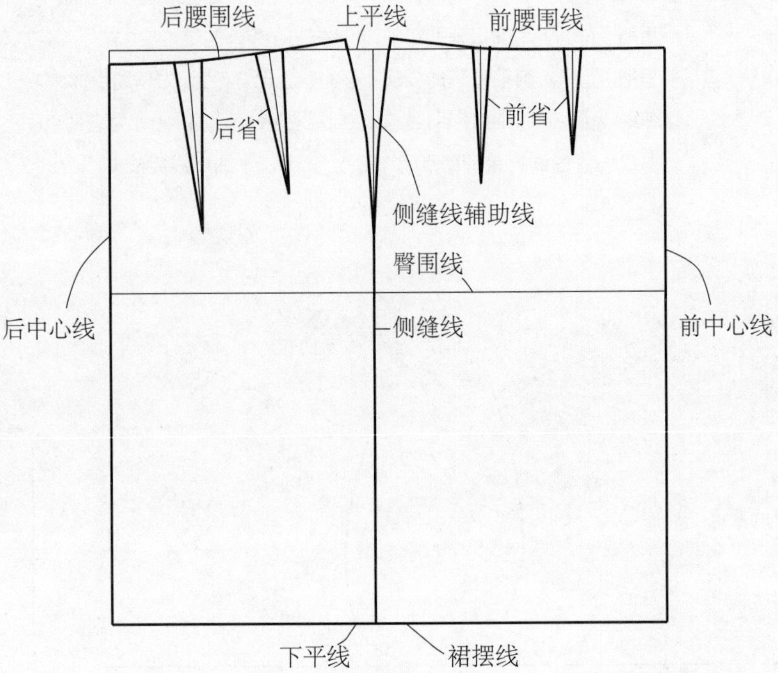

图 2-3-1 裙装原型结构名称

（二）裙装原型结构制版原理与方法

1. 结构特点

裙装原型结构设计以少女半裙为例，裙装原型结构制版需满足人体呼吸量和基本活动量，是半裙结构创新性设计的基础样版。

2. 制图规格（表 2-3-1）

表 2-3-1 裙装原型制图规格　　　　　（单位：cm）

号型	部位名称	腰围	臀围	裙长
150/60A	净体尺寸	60	75	40
	成衣尺寸	60	79	40

3. 制版方法（H* 为净尺寸）（图 2-3-2）

◆ 基础线

（1）宽为前后裙宽 =H*/2+2cm，长为裙长 =40cm。

（2）侧缝线。纸样臀围线宽 1/2 向后进 1cm。

（3）前后腰围线。前腰围线 =W/4+2cm，后腰围线 =W/4-2cm。

（4）前省。前臀围宽与前腰围宽的差量平均分成三等份，一份为侧缝省，另外两份在腰围线的三等分处分别设定两个省。靠近前中心线的省，省尖不能超过腹围线；靠近侧缝线的省，省尖长度超过腹围线 1cm。这两个省与前中心线相平行。前侧缝省的省尖在臀围线上升 4 ~ 5cm 处，胖式 0.2 ~ 0.5cm 画顺。

（5）后省。后臀围宽与后腰围宽的差量平均分成三等份，一份为侧缝省，另外两份在腰围线的三等分处分别设定两个省。靠近后中心线的省，省尖不能超过臀围线；靠近侧缝线的省，省尖长度与靠近侧缝的前腰围省等长。后省与后腰围线相垂直，后侧缝省的省尖在臀围线上升 4 ~ 5cm 处，胖式 0.2 ~ 0.5cm 画顺。

注意：前后侧缝线胖式画顺的量与侧缝省倾斜角度有关，倾斜度越大，胖式画顺越明显，一般在 0.5cm 以内。

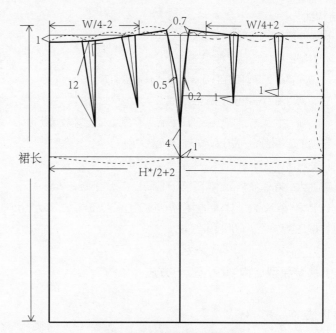

图 2-3-2 裙装原型结构线制版

二、裤装原型

（一）裤装原型结构名称（图 2-3-3）

1. 横向辅助线

（1）上平线。裤腰围线辅助线。

（2）下平线。裤口辅助线。

2. 竖向辅助线

（1）前中心线辅助线。位于人体下肢前中心，是绘制前片左右裤片的辅助线。

（2）后中心线辅助线。位于人体下肢的后中心，是绘制后片左右裤片的辅助线。

（3）侧缝线辅助线。是裤子侧缝线制版的参照线。

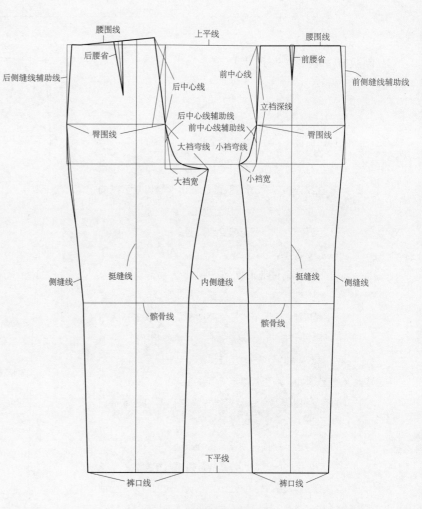

图 2-3-3 裤装原型结构名称

3. 结构线

（1）腰围线。位于人体腰部最细处。

（2）臀围线。位于人体臀围最大处。

（3）髌骨线。又叫膝围线，一般在人体膝盖略向上 2cm 处。

（4）裤口线。一般位于脚踝处，裤口大小与款式设计有关。

（5）前后中心线。以臀围线为分界点，臀围线以上线段为前后中心。

（6）前后侧缝线。位于人体下肢侧面 1/2 处。

（7）前后内侧缝线。与大小裆连接至裤口的线。

（8）大小裆宽。体现人体下肢厚度的线段，具有很强的功能性。

（9）大小裆弯线。以臀围线为界限，前后中心以下弯线，与大小裆宽相切。

（10）前后省量。前后腰臀差量。

（二）裤装原型结构制版原理与方法

1. 制图规格（表 2-3-2）

表 2-3-2 裤装原型制图规格 （单位：cm）

号型	部位名称	腰围	臀围	股上长	裤长	裤口宽
150/60A	净体尺寸	60	78	24	86	18
	成衣尺寸	60	78	24	86	18

2. 制版方法（H* 为净尺寸）（图 2-3-4）

（1）前裤片。

① 前裤片臀围宽 =H*/4-1cm。

② 股上长 =24cm。

③ 臀围线。在腰围线至股上长的 1/3 处。

④ 小裆。小裆宽 =0.5H*/10；小裆弯线，小裆宽直线连接臀围线，取直角三角形斜边垂直线的 1/3，曲线连接臀围线至小裆宽。

⑤ 挺缝线。小裆宽与前裤片臀围宽和的 1/2。

⑥ 前腰宽 =W/4+0.5cm。

⑦ 前省。前侧缝省收 0.5 ~ 1cm，微胖势画顺至臀围线；前中心线向侧缝线方向测量前腰宽，与侧缝省之间剩下的量为前腰省量，省尖长度为腹围线上升 1cm，前腰省与前中心线相平行。

⑧ 裤长。以挺缝线为基准，测量裤长。

⑨ 髌骨线。股上长线至裤口线 1/2 上升 3cm。

⑩ 前裤口线宽。以挺缝线为基准向两边各取裤口宽 /2-1cm。

⑪ 髌骨线宽 = 前裤口宽 +2cm。

⑫ 前外侧缝线。臀围线直线连接髌骨线宽，股上长线至髌骨线宽 1/3 处凹势 0.5cm，凹势大小与前侧缝线倾斜度有关，并顺势直线连接前裤口宽。

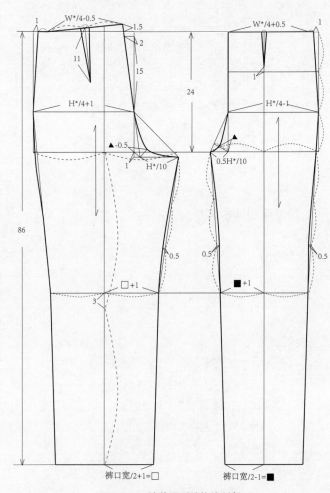

图 2-3-4 裤装原型结构线制版

⑬ 前内侧缝线。小裆直线连接髌骨线 1/3 处，凹势 0.5cm，凹势大小与前内侧缝线倾斜度有关。

（2）后裤片。

① 后裤片臀围宽 =H*/4+1cm。

② 后中心线的倾斜度。后中心线倾斜角度与裤型有关，多为 15:2、15:1.5、15:1、15:0.5、15:0，比值越大，裤型越合体收身；相反，比值越小，裤型越宽松。直线连接臀围线与前中心线辅助线的交点，上与腰围辅助线相交并上升 1.5cm，下交股上长线，并延长 1cm。以臀围线为界，以上为后中心线，以下为大裆弯线辅助线。

③ 大裆。大裆宽 =H*/10；大裆弯线，大裆宽直线连接臀围线，取三角形的角平分线，长度为小裆弯线辅助点长 -0.5cm，曲线连接臀围线至大裆宽。

④ 挺缝线。大裆宽与后裤片臀围宽和的一半。

⑤ 后腰宽 = W*/4-0.5 cm。

⑥ 后省。后侧缝省收 0.5 ~ 1cm，微胖势画顺至臀围线（一般情况下，前后侧缝线造型相似，因此收量一致）；后中心线向侧缝线方向测量后腰宽，与侧缝省之间剩下的量为后腰省量，省尖长度以不超过臀围线为基准，后腰省与后腰围线相垂直。

⑦ 后裤口线宽。以挺缝线为基准向两边各取裤口宽 /2+1cm。

⑧ 髌骨线宽。后裤口宽 +2cm。

⑨ 后外侧缝线。臀围线直线连接髌骨线宽，胖势画顺至髌骨线，并顺势直线连接后裤口宽。

⑩ 后内侧缝线。大裆直线连接髌骨线 1/3 处，凹势 0.5cm，凹势大小与后内侧缝线倾斜度有关。

3. 注意事项

（1）此裤型为少年基础裤板，根据裤型的不同可进行裤装前后中心线、侧缝线、内侧缝线、裤口线、挺缝线的位置、造型、长短变化，但在变化过程中应始终遵循功能性为主、审美性为辅的结构设计原则，点、线、面、体结构设计也是创新性裤装结构设计的关键点，裤装的结构设计原理将在不同时期的儿童裤装结构设计中有所体现。

（2）大小裆。

① 大小裆的长度比例。一般情况下大裆是小裆的 2 倍左右，大小裆与前后中心线的交汇点位于人体的会阴处，改变大小裆的长度比例，将会改变交汇点的位置，从而形成前移或后移，但会降低裤装的舒适性和美观性。

② 大小裆的长度变化。如果减小大小裆的长度，裤型会更加紧窄，一般在 0.5cm 左右，超过此数据裤型舒适性降低，甚至功能性丧失；如果增加大小裆的长度，则会造成裆部下降，形成拉裆效果，拉裆较大会降低活动量。同时，大小裆加长时臀围宽要适当增加，形成宽松式裤型。

（3）儿童臀腰差量较小，因此前后省量不大，儿童裤装也多用松紧带的形式消化省量。

【课后练习题】

（1）熟练掌握儿童期衣原型、袖原型以及下装原型的制版原理与方法。
（2）熟练掌握少年衣原型和袖原型的制版原理与方法。
（3）做 1:1、1:5 的儿童、少年的衣原型、袖原型、下装原型。

【课后思考】

（1）分析儿童期衣、袖原型与少年衣、袖原型之间的异同。
（2）针对衣、袖原型注意事项进行分析与思考。

第三章
衣身结构制版与方法

学习内容

◉ 童装衣身分类

◉ 衣身细节结构制版原理与方法

◉ 衣身廓型结构制版原理与方法

学习目标

◉ 掌握衣身制版原理与方法

◉ 具有创新能力和举一反三的能力

　　衣身是将人体躯干包裹起来的裁片，是服装的重要组成部分。随着时代的发展、生活水平的提高，人们对童装的要求也从舒适保暖的基本功能性向审美性发展，个性化、多样化、品牌化的童装消费观念已经成为年轻妈妈的主流消费观。

　　通过童装衣身结构再设计的制版方法，对衣身的前后中心线、侧缝线、肩线、衣摆线、袖窿弧线、领围线、省等衣身细节进行分析研究，总结出童装衣身结构设计实际上是衣身的细节结构的再设计。其表现手法主要有位置变化、造型变化和长度变化，其造型具有个性化、装饰化、趣味化的特点。

第一节 童装衣身种类

一、按廓型分类

童装廓型是指服装外轮廓线形成的衣身整体形态，是服装结构设计的第一要素。按照不同的分类方式，童装衣身廓型可分为不同的类别。

（一）按字母型分类（图 3-1-1、图 3-1-2）

以英文字母形态直观表达童装衣身的造型，常见的主要有 H 型、A 型、T 型、O 型、X 型五种。

1.H 型

也称矩型、箱型、筒型。特点为平肩，腰部不收缩，下摆不打开，整体造型呈大写的 H，是童装常用廓型。

2.A 型

也称三角形或梯形。特点为窄肩，腰部不收缩，下摆打开，呈喇叭状，形似英文大写的 A，形态活泼，流动感强，是童装裙装、外套类常用廓型。

3.T 型

也称倒梯形或倒三角形。特点为肩部夸张，腰部不收缩，下摆微收。上宽下窄的造型具有中性化的形态特征，常用于童装夹克等。

4.O 型

也称圆形。特点为窄肩，下摆微收，腰部放量，整个外形丰满圆润，常用于童装的休闲款中。

5.X 型

特点为平肩，腰部微收，下摆打开，呈两个对角的三角形，X 型线条柔美，多用于女童服装中。

当然童装衣身的廓型是一个复杂多变的形态，如 V 型、S 型、Y 型等，每一种形态，都代表着童装衣身的特征，更多情况是多种字母形态的组合，如 H 型与 A 型结合的连衣裙等。

（二）按几何型分类

按几何表示法分类主要有长方形、三角形、梯形、圆形、正反梯形，与 H、A、T、O、X 等字母的结构形态相同。

图 3-1-1 H 型、A 型、T 型廓型

图 3-1-2 O 型、X 型廓型

（三）按物象型分类（图 3-1-3、图 3-1-4）

当衣身造型不能用字母和几何图形表述时，通常按照服装所呈现的形态表述，如喇叭型、气泡型、酒瓶型、郁金香型、酒杯型等。

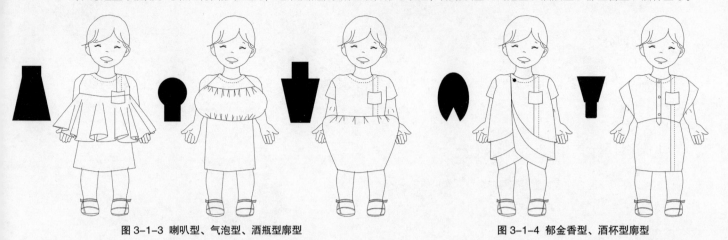

图 3-1-3 喇叭型、气泡型、酒瓶型廓型　　　　　　　　图 3-1-4 郁金香型、酒杯型廓型

二、按长短分类（图 3-1-5）

衣身一般长度在臀围线左右，以臀围线为界，臀围线以上为短款衣身臀围线以下为长款衣身。短款衣身，又分为中短款、短款和超短款三种，衣长在臀围至腹围的为中短款，衣身在腹围至腰围的为短款，腰围线以上的为超短款；长款衣身一般分为中长款、长款，衣长在膝盖以上的为中长款，衣长在膝盖以下的为长款。膝盖以下的长款，又划分为五分款、七分款、九分款和长款四种类型，多用于大衣或长裙类服装。

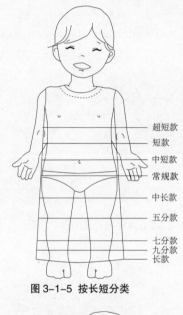

超短款
短款
中短款
常规款
中长款
五分款
七分款
九分款
长款

图 3-1-5 按长短分类

三、按形态分类（图 3-1-6）

童装按形态可分为连体式衣身和分体式衣身。连体式衣身主要是指连体通裁和分体连裁两种形式：连体通裁是指上下服装没有横向剪切线的服装，如无分割线的连身裙、大衣等；分体连裁是指服装上下分开裁剪又缝合的服装款式造型，多在腰部具有将上衣下裳分开的横向剪切线，如有分割线的连衣裙、大衣等。分体式衣身是指将上衣下裳独立分开裁剪，形成完整的上衣下装，如套装等。

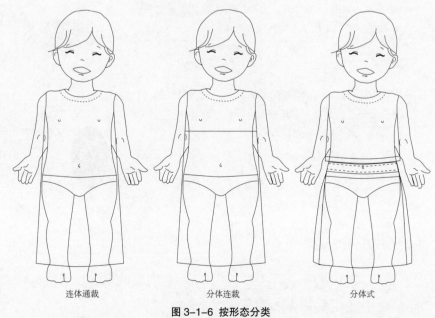

连体通裁　　　　　　　分体连裁　　　　　　　分体式

图 3-1-6 按形态分类

第二节 童装细节结构设计

衣身由不同结构线围成的面组成，因此衣身的细节结构设计主要是指衣身的结构线设计，主要包括前后中心线、侧缝线、肩线、腰位线、臀围线、领围线、袖窿弧线、衣摆线以及省道。

一、前后中心线

1. 前中心线（图3-2-1~图3-2-5）

衣身前中心线的结构设计主要有位置、造型、长短三种变化。衣身中的前中心线一般有两种形式：一种为功能性的门襟；另一种为装饰线。当前中心线以功能性的门襟出现时，其结构设计要以实用便捷的功能性为主，又被称为衣开门，通常情况下的衣身门襟有单门襟和双门襟两种形式；前中线为装饰线时，因不受功能性的约束，其结构设计更为丰富和随性，具有很强的装饰效果。

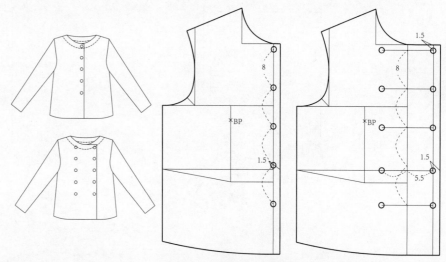

图3-2-1 单叠门、双叠门

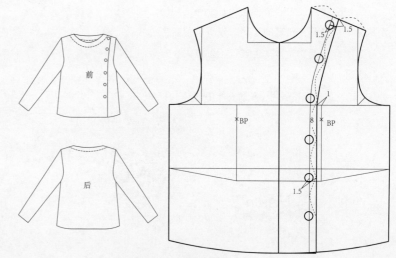

图3-2-2 衣门襟位置变化

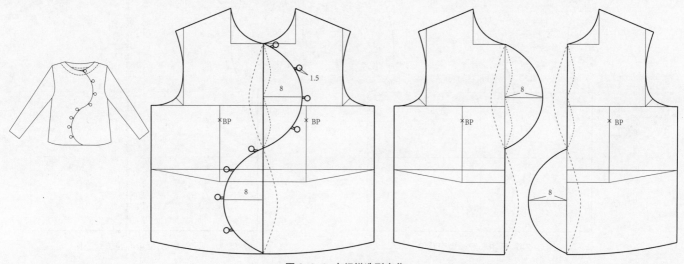

图3-2-3 衣门襟造型变化

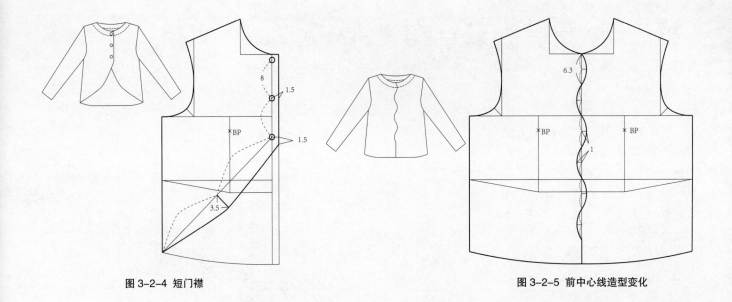

图 3-2-4 短门襟

图 3-2-5 前中心线造型变化

2. 后中心线（图 3-2-6 ~ 图 3-2-11）

后中心线与前中心线的结构设计原理相同，主要有造型、位置、长短的变化，收身童装后中心线通常会收取一定的省量，但省量不宜过大，省量过大会使背部造型形成不必要的凸起，省量大小一般为0.5~1cm，此类结构多用于童装礼服中。

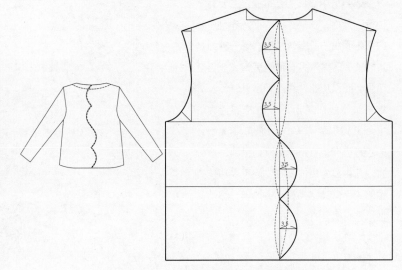

图 3-2-6 后中心线造型变化 1

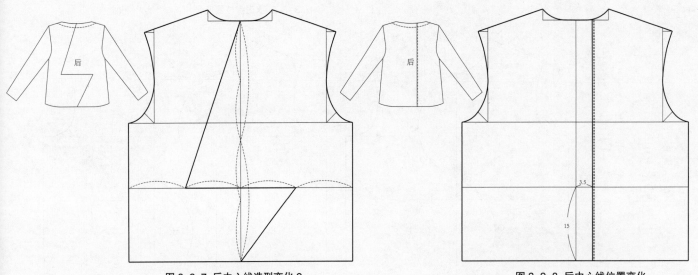

图 3-2-7 后中心线造型变化 2

图 3-2-8 后中心线位置变化

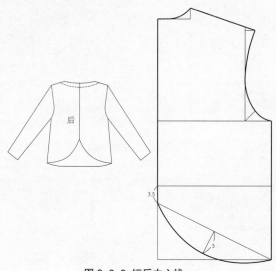

图 3-2-9 短后中心线

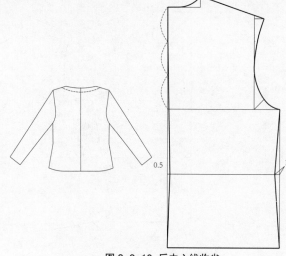

图 3-2-10 后中心线收省

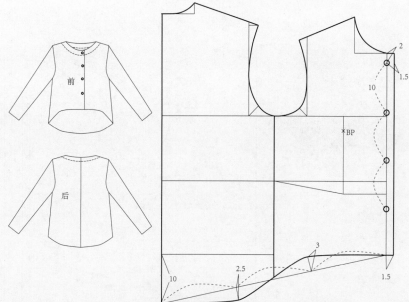

图 3-2-11 长后中心线

二、侧缝线

侧缝线是将前后衣片分开的结构线，位于人体侧面的 1/2 处，是改变服装廓型的主要结构线之一，主要贯穿腋下点、侧腰点、侧臀点，是体现人体侧面起伏的主要线段。功能性侧缝线主要体现在腋下点、侧腰点、侧臀点三者之间的关系上：三点不外展、不收缩为 H 型款（图 3-2-12）；三点由小到大依次外展为 A 型款（图 3-2-13）；腋点不动、腰点收量、下摆外展为 X 型款（图 3-2-14）；腋点不动、腰点放量、下摆略收为 O 型款。在不改变既定外形的情况下，侧缝线结构设计还包括位置变化（图 3-2-15）、造型变化（图 3-2-16～图 3-2-18）和长短变化（图 3-2-19），其结构设计原理与前后中心线相同。无侧缝线也是侧缝线结构设计的一种形式（图 3-2-20）。

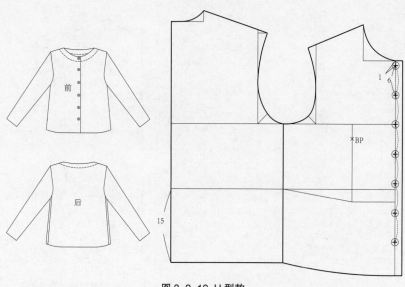

图 3-2-12 H 型款

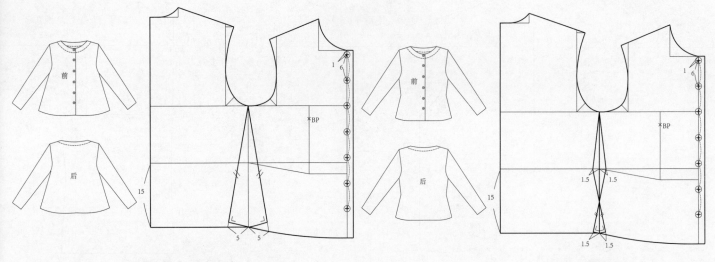

图 3-2-13 A型款　　　　　　　　　　　　　　　　　　　图 3-2-14 X型款

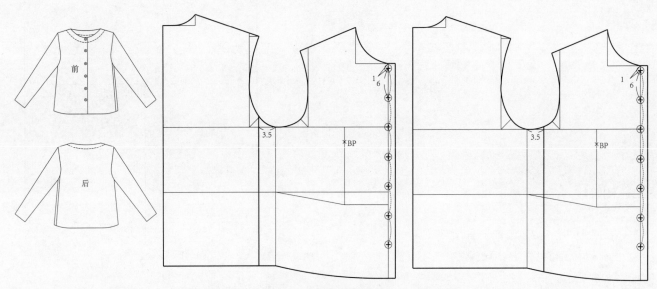

图 3-2-15 侧缝线前后移动

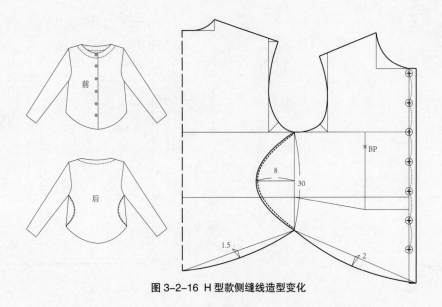

图 3-2-16 H型款侧缝线造型变化

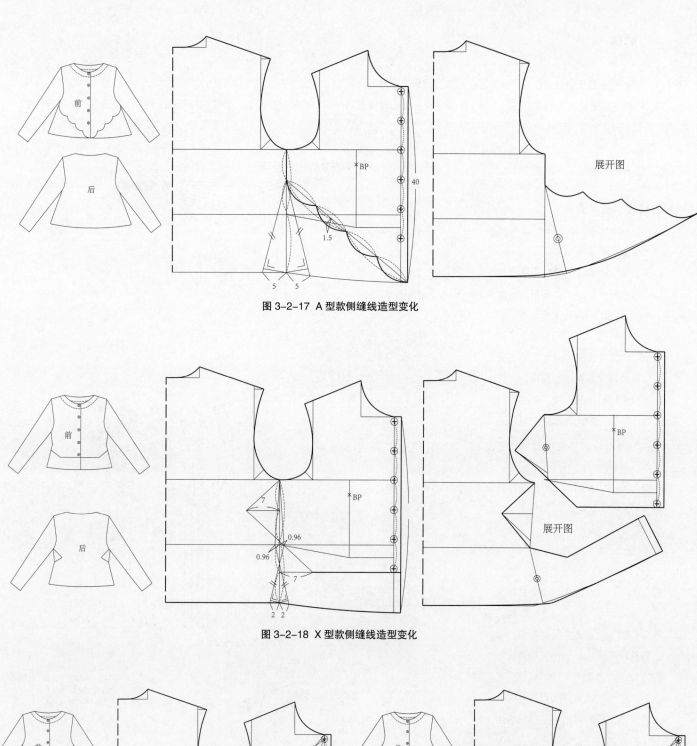

图 3-2-17 A型款侧缝线造型变化

图 3-2-18 X型款侧缝线造型变化

图 3-2-19 侧缝线长短变化

图 3-2-20 无侧缝线

三、肩线

肩线是服装结构设计中受限最多的结构线，肩线的变化直接影响袖窿弧线的造型，对装袖的影响最大。因此，肩线与侧缝线一样既有功能性的一面，又有装饰性的一面。功能性肩线主要表现在肩线的斜度和长度上；装饰性肩线在不改变肩线功能性的前提下，主要表现在肩线的位置变化、造型变化和长短变化上。

（一）功能性肩线

1. 肩线斜度（图3-2-21）

原型中的肩线以在背宽线和胸宽线上向下量取后领宽1/3和后领宽2/3，分别确定前后肩线的斜度，此肩斜度基本与人体肩部斜度一致。因此，肩部斜度一般不可突破最大肩斜量，但小的肩斜不会造成服装功能性丧失，当最小肩斜量为0时，肩线与胸围线相平行，袖型也应进行相应的调整，袖山高也为0，整体形态呈中式袖，前后腋点会形成多余的褶皱。一般情况下，肩斜量越小，前后腋点的余量越大。值得注意的是，肩线与袖窿弧线的交角应始终呈直角。

2. 肩线长短

原型肩线是以颈侧点至肩顶点的距离，一般情况下，后肩线比前肩线长2cm，其中1.5cm为后肩胛骨省量，0.5cm为后肩吃量，即后肩略长于前肩0.5cm，制作时前肩吃掉后肩多余的0.5cm，使后肩与前肩相比略饱满，满足后肩微前倾的厚度。后肩省也是合体服装中常用的省量，往往隐含在公主线等结构线里。但有时较多的服装款式上并不会着重体现肩省的作用，这种情况下，可减掉后肩线1.5cm，形成与前肩线基本等长的短肩线，也可延长前肩线1.5cm，形成略长的微落肩线（图3-2-22）。当然根据设计要求，短肩线可以短成带状，主要表现形式有以颈侧点为基点向肩点减量的短肩线（图3-2-23），也可以肩顶点为基点向颈侧

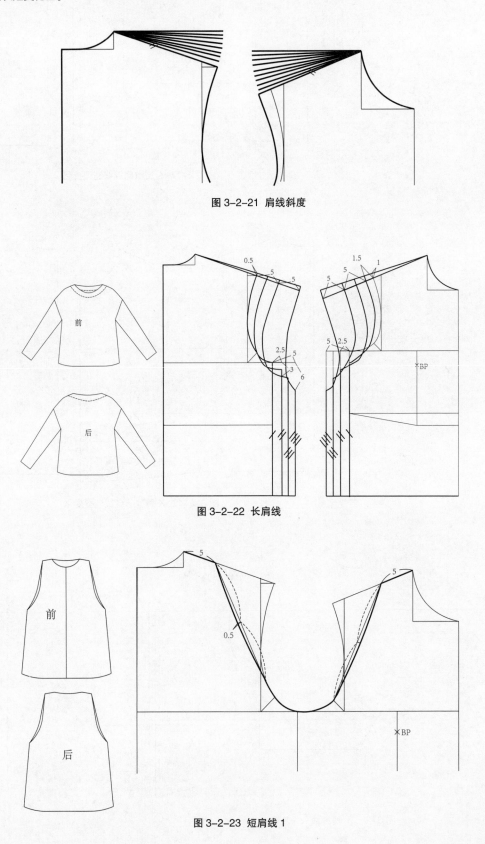

图 3-2-21 肩线斜度

图 3-2-22 长肩线

图 3-2-23 短肩线 1

点位置缩减的短肩线（图 3-2-24）；长肩线在加长时要考虑袖窿弧线的形态，一般情况下，肩线越长，袖窿弧线弯度越小，当长到一定程度时，袖窿弧线呈直线，成为中式袖的袖窿弧线。通常情况下，长肩线的服装胸围、袖窿深会相应地加大，其款式也多为宽松式。

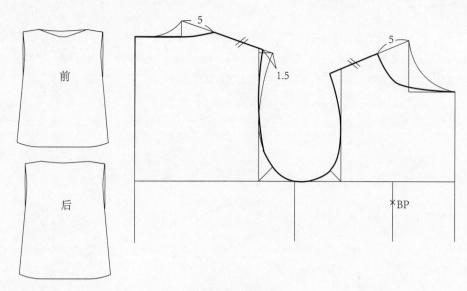

图 3-2-24 短肩线 2

（二）装饰性肩线

（图 3-2-25 ~ 图 3-2-26）

装饰性肩线主要是指不改变肩线功能的前提下进行位置、造型变化，主要表现在位置的前后移动、造型的不拘一格上，但设计时应注意工艺制作的难度。

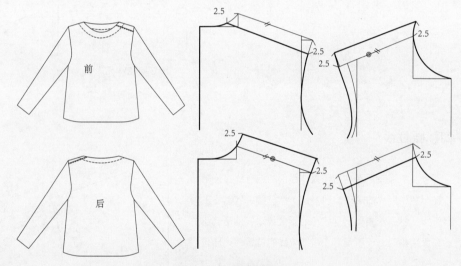

图 3-2-25 肩线位置变化

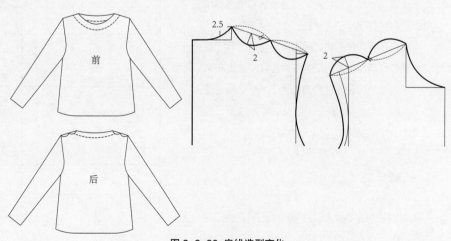

图 3-2-26 肩线造型变化

(三)无肩线（图3-2-27）

　　无肩线是指前后肩线合并的结构制版，主要有两种形式：一种是根据实际肩线斜度进行前后肩线的合并，这类纸样要注意衣身前后面料的丝缕向，可选择前后一致的斜向丝缕向，也可选择一面为竖向丝缕向，另一面为斜向丝缕向；另一种是将肩线倾斜度与胸围线相平行，前后中心线在一条直线上，是典型的中式袖。

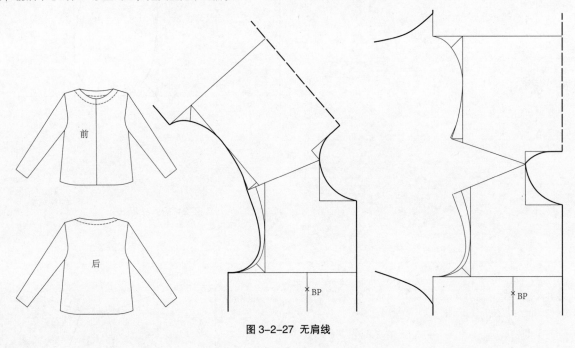

图 3-2-27 无肩线

四、腰位线

　　腰位线是指服装中位于人体腰部的结构线，一般不在服装中以线的形式出现，是 X 型款腰部收省量的参照线，具有很重要的地位。当腰位线以线的形式出现在服装中时，若脱离了正常腰位线的位置，此腰位线不再具备功能性，而成为设计需求的装饰线。作为装饰线，其不会改变服装的外形，因此，设计较为多样，从位置上看有中腰位线、高腰位线和低腰位线三种形式。中腰位线位于人体的腰部，属于功能性结构线；中腰位线至胸位底线之间为高腰位线，属于装饰线；中腰位线至臀围线之间为低腰位线，也属于装饰线。腰位线的结构设计主要有位置上的移动和造型上的变化（图3-2-28 ~ 图3-2-29）。装饰性腰位线在结构设计中有造型变化（图3-2-30）。

五、袖窿弧线

　　衣身上的袖窿弧线有两种形式：一种是独立存在的袖窿弧线，是无袖的一种形式；另一种是与装袖相衔接的结构线。独立存在的袖窿弧线，因不受装袖的

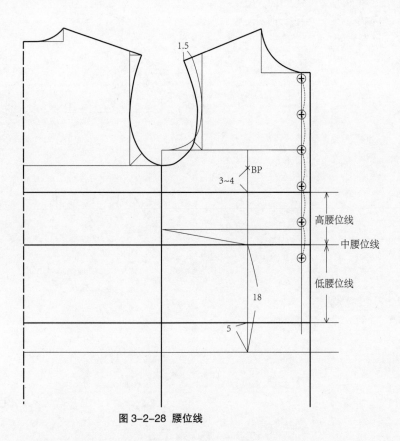

图 3-2-28 腰位线

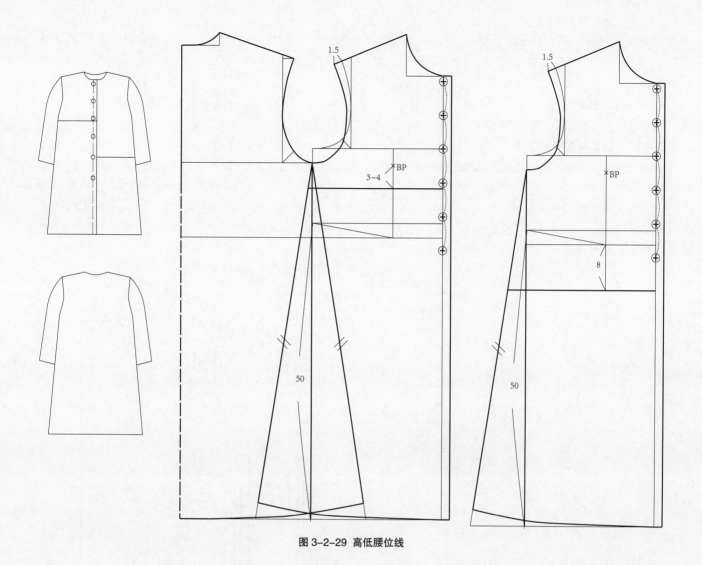

图 3-2-29 高低腰位线

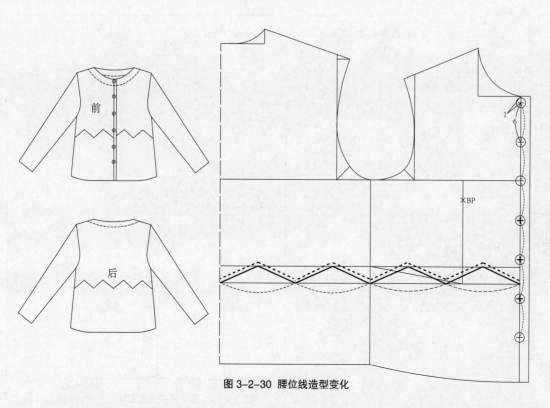

图 3-2-30 腰位线造型变化

限制，结构设计较为丰富，主要有造型变化和长短变化；与装袖相衔接的袖窿弧线与装袖相辅相成，合理的袖窿弧线不仅能提高舒适性，还具有很强的审美性，是款式结构设计中重要的结构设计线。

（一）袖窿弧线加长

1. 降低腋点增加袖窿弧线长度

原型的袖窿弧线属于合体性较强的袖窿弧线。对于较休闲的宽松式款式，袖窿弧线在腋下部位会适当加深加宽，增加袖窿弧线的长度，使袖子与宽松的衣身相协调，这种袖型多用于休闲装和外套。通常情况下，加深的尺寸根据设计要求进行设定，多数在 1.5 ~ 7cm，加宽的尺寸一般在 1.5 ~ 5cm，如果根据设计要求需增加超过 10cm 的尺寸，所加尺寸应在前后中心线处适当加放 0.5 ~ 5cm，以免造成侧缝线增加量过大（图 3-2-31）。同时，值得注意的是，当袖窿弧线加深加宽时，肩线也会相应加长、抬高，以此迎合服装的宽松式造型，成为典型的宽松式落肩袖。

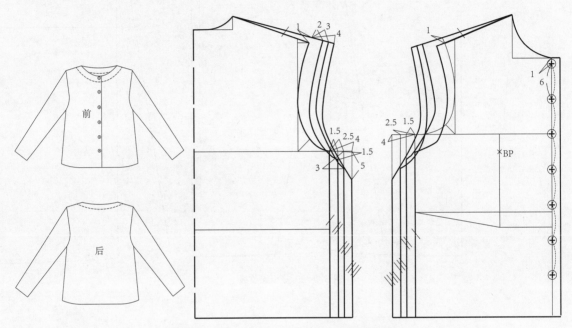

图 3-2-31 下降腋点、抬高肩线拉长的袖窿弧线

2. 抬高肩线增加袖窿弧线长度

抬高肩线，使肩斜度趋于平齐，多用于外套和大衣中，成人装中常用的垫肩服装也会适当抬高肩线，为垫肩留出充足的余量，童装中一般不会用垫肩，但抬高的肩线，在增加袖窿弧线长度的同时，也影响袖山的高度和袖窿弧线的长度，提升袖子的舒适性。肩线抬升得越大，与之相衔接的袖子越肥大，袖山高也随之降低，当肩线提升到与胸围线相平行时，袖山高为 0，成为中式袖的一种形式。

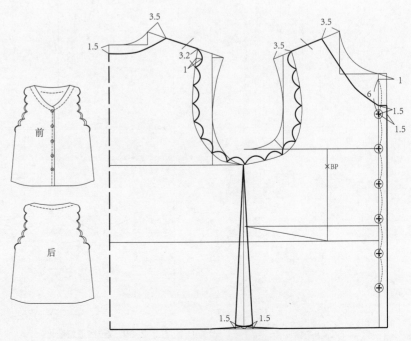

图 3-2-32 袖窿弧线造型变化

（二）独立袖窿弧线

独立袖窿弧线由于不受装袖的限制，结构设计范围更加宽泛，无袖的袖窿弧线一般较为紧凑，腋下下降尺寸不大。主要有造型变化和长短变化，造型变化主要体现在或直或弯曲上（图3-2-32）；长短变化主要体现在袖窿弧线的变短上，如礼服中的抹胸款式，减少了袖窿弧线上半部分的袖窿长度（图3-2-33）。

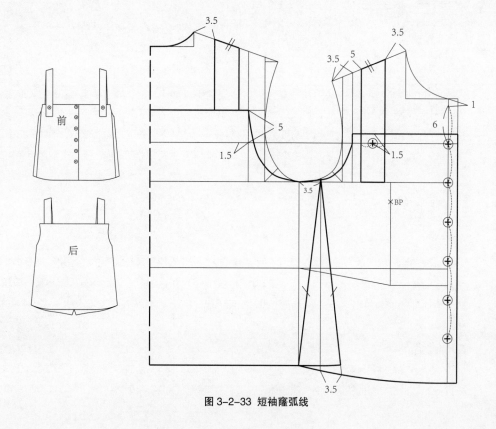

图 3-2-33 短袖窿弧线

六、衣摆线

衣摆线是衣身长度的结束线，与侧缝线、前后中心线相交，在没有特殊要求的情况下，各交角呈直角状态。在设计的要求下，很多衣摆在造型上变化多样（图3-2-34），为多元化童装结构设计做出了巨大贡献。

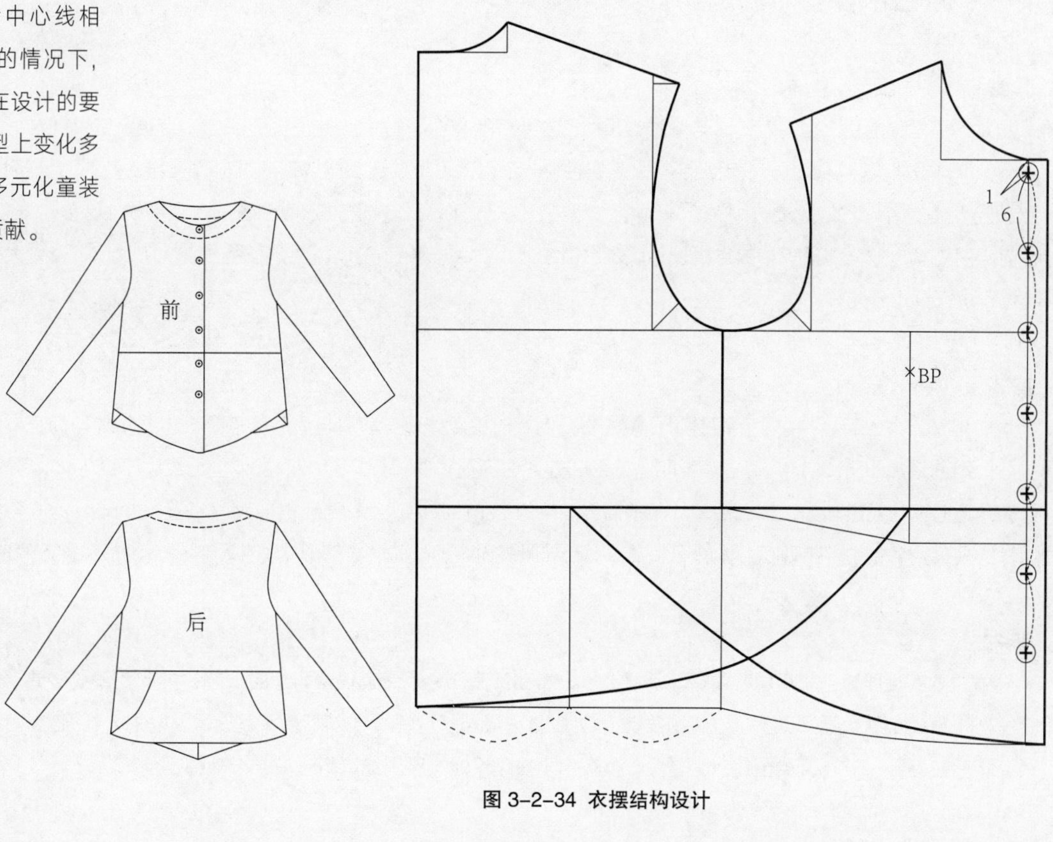

图 3-2-34 衣摆结构设计

第三节 省结构设计

人体是一个复杂的曲面，儿童体型也不例外，儿童体型虽不如成人的曲率明显，但胸、腰、臀之间的曲率关系和缓微妙，特别是少年形体已趋于成人化，三维曲面复杂，对于合体的服装造型要求较高。为了使平面的布料符合复杂的三维人体曲率，省是服装款式从二维平面转变为三维立体的重要制版手段，省将面料与人体之间的差量进行收放，使服装在满足舒适性的同时，也最大程度地满足了人体形态的展示。由于儿童人体曲率较和缓，省多运用在侧缝线处，胸省、腰省主要运用在礼服中。

一、省的分类

1. 胸省

儿童的胸省量与成人的胸省量有所不同，童装原型与成人原型都有前下份，是由前胸量大小决定的：儿童的前下份是儿童挺胸凸肚形成的量，胸部省量不明显，胸部省量转移时要考虑凸肚所占的量，因此儿童服装胸省一般较小；而趋于成人化的少女胸部已趋于丰满，前下份体现的胸省量与成人胸省量基本相同，腹部也较平坦，因此胸省量较大，转移时与成人服装基本相同。

2. 侧缝省

侧缝省主要运用于前后侧缝线处，体现侧腰曲线造型。人体侧部曲线有腋点、侧腰点、侧臀点，三点一线，形成以腰部最细，逐渐向胸廓、臀廓外展的轮廓，此处的童体腰、臀、胸差较小，曲线和缓微妙，因此省收量不宜过大，一般收量为 0.5 ～ 2cm。

3. 胸腰省

胸腰省是指胸部和腰部的差量，主要包括省位、省量大、省尖长三部分。胸腰省省位，以乳点为基点作前中心线的平行线与腰线相交于一点（记为 A 点），向前中心线进 1.5cm（最大），向侧缝进所剩尺寸，当省量大小不超过 3cm 时，以 A 点为基点向两边各取同等尺寸，也可选择 A 点向侧缝线之间线段的各点作为省位。

4. 腰臀省

腰臀省是指腰围和臀围的差量，与胸腰省相同，主要包括省位、省大、省尖长三部分，当腰臀省只针对下装时，省的位置、省量大小及多少可根据设计要求进行设定，当与上装连接为一个整体，形成连衣裙或连衣裤时，应与上装的三个部分相一致。

独立下装的省。省的数量一般为 2 ～ 4 个，即左右各一个或两个。省位：两个省的在腰围线 1/2 处，长度为 8 ～ 9cm；四个省的在前腰围线 1/3 处，靠近前中的省尖长不超过腹围线，少女装一般在 8cm，靠近侧缝线的为 10cm；省量大根据不同的腰臀差在侧缝腰臀省进行平均分配。

5. 肩省

肩省位于衣身的后片，是满足肩胛骨凸量的省，制版时主要体现在前肩与后肩的差量上。儿童体型尚在发育期，背部圆润与肩胛骨微凸，因此增加 1cm 的量，通过缩缝和省的形式处理达到童体的背部形态；少女体型已经趋于成人化，背部与颈部微微前倾，肩胛骨较儿童时期凸起量加大，因此后肩线与前肩线差量的 2cm 中，包含 1.5cm 的肩胛骨省量和 0.5cm 的吃势量，来满足背部前倾和肩胛骨的凸量。肩省主要出现在合体的服装中，宽松式服装通过加长前肩线的形式消化肩胛骨省，形成微落肩的肩线形式。

6. 背省

背省主要有后腰臀省和后中心线省。后腰臀省分布在背宽 1/2 处，其位置可适当调整，如向侧缝线移动；省量大小根据腰臀差量确定；对于省尖长度，腰围以上超过胸围线 2cm 为上省尖最长长度，腰围以下以不超过臀围以上 4 ～ 5cm 为底线。后中心线省不宜过大，一般在 0.5 ～ 1cm，腰围线以上省尖长度在 1/3 袖窿深处，腰围线以下省尖长一般顺延至衣摆线。

二、胸省结构设计

（一）胸省分布（图 3-3-1）

省的运用不仅仅局限于衣身中，衣袖、裙片、裤片中省的运用也很常见。胸省与其他省的变化相同，都是以省尖为结束点，胸省以胸高点（BP 点）为制作中心进行转移，结构制版主要有纸样旋转法和纸样剪切法，转移的省主要有肩省、袖窿弧线省、侧缝线省、领围线省和前中心线省。当然，只要经过胸高点，可以选择的省位多种多样。

（二）胸省转移（图 3-3-2）

1. 纸样旋转法（以肩省为例）

作前下份水平线，平行于胸围线；确定省位为前肩线 1/2 处，以 BP 点为轴心旋转纸样，使前衣片斜向线与前下份水平线相平行，用笔画出转移后的原型造型。

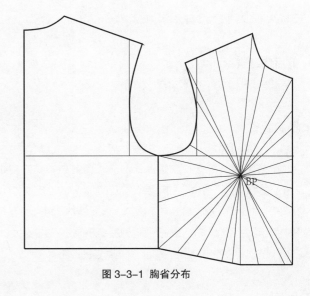

图 3-3-1 胸省分布

2. 纸样剪切法（以袖窿弧线省为例）

确定省位在胸宽线与袖窿弧线相切的点上，直线连接至胸高点，用剪刀剪至胸高点处，在腰围线上进行折叠，折叠的量使腰围线呈水平状，致使剪开的部分自然张开，张开多少即省量的大小。

3. 量取法（侧缝省）

把前后侧缝线前后差量作为省量，确定省位在腋点下降 5cm 的侧缝线处，直线连接 BP 点，并将前后侧缝线的差量量取在省位线上，省尖偏离胸高点 3 ~ 4cm，制图时注意省道两条线等长，量取法只适合用于侧缝省。

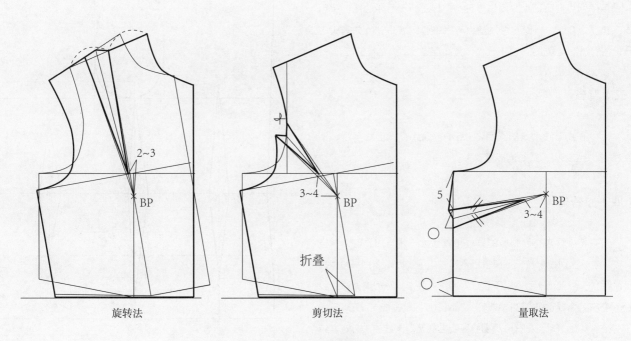

| 旋转法 | 剪切法 | 量取法 |

图 3-3-2 胸省转移

三、胸腰省、肩省、背省、腰臀省结构设计（图3-3-3、图3-3-4）

（一）胸腰省

以150/72的少女原型为例，胸围72cm，腰围61cm。

1. 前后侧缝省

前侧缝线收1cm，后侧缝线收2cm。

2. 前胸腰省

（1）省位。BP点引出前中心线平行线。

（2）省量大。平行线与腰围线的交点向前中心线方向进1.5cm（最大数值），前中心线向侧缝线方向量取W/4+0.5cm+1cm（前后差）+1.5cm（前省部分省量），收掉侧缝线的1cm，剩下〇为BP点引出的平行线与腰围线交点向侧缝线方向收取的省量大。

（3）省长。BP点下降3~4cm。直线连接省量大。

3. 后胸腰省

（1）省位。背宽1/2引出平行于后中心线的直线，相交于腰围线。

（2）省量大。后中心线向侧缝线方向量取W/4+0.5cm-1cm（前后差）+1cm（背省）+2cm（侧缝省），剩下〇为后腰臀省量大。

（3）省长。省位线上经过后胸围线以上2cm为最长后省尖。

（二）肩省

后颈侧点向肩顶点方向进3.5cm，作垂直于后中心线的平行线，长度为6.5cm，以此点为基点向后中心线进0.3cm为省尖位置，在肩线上量取省量大=1.5cm，直线连接省量大至省尖位。

（三）背省

后中心线与腰围线的交点进0.5~1.5cm，胸围线至后领圈1/3为省尖结束点，直线连接背省大。

（四）腰臀省

没有特殊要求，腰臀省的省位和省量大一般与胸腰省、背省一致，主要区别在于省长：前省以不超过腹围线为基准，一般偏离腹围线0.5~1cm；后省以不超过臀围线为基准，一般偏离臀围线6cm左右；侧缝省偏离臀围线4~5cm；成人臀围线一般在18cm左右，少女在16cm左右。腹围线在腰围线至臀围线的1/2处。结构制版时胸省不进行省量转移时，应以前下份为腰围线位，并将前片侧缝线长于后片侧缝线的差量减掉，重新修正前袖窿弧线。

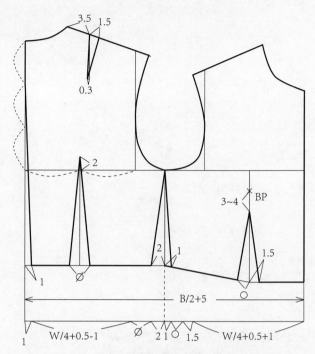

图3-3-3 胸腰省、肩省、后中心线省

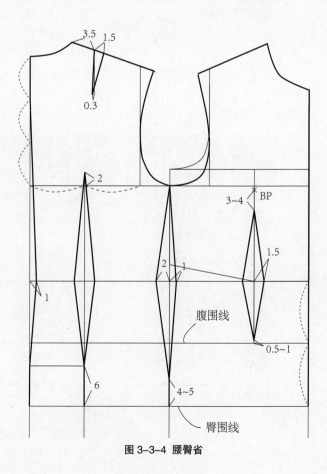

图3-3-4 腰臀省

第四节 衣身与点、线、面、体

　　服装是由点、线、面、体四部分组成的。它们在服装款式设计中被广泛运用，是童装设计的主体要素。设计童装时，它们多以一种形态或多种形态出现，但无论以什么方式体现童装款式造型，设计都是在单一又多元的形式下进行的，或以点为主，或以线为主，或以面为主，或以体为主，当然它们不是独立存在的，是相互成就与衬托的。

一、点

　　点、面是线围合成封闭时的形态，点是小面积的、突出的，是服装中的聚焦处，形态和概念形式不同。例如，纽扣是较小的圆形点，蝴蝶结是服装设计的点，面料上由织造或印染形成的点属于图案文化的范畴，而通过对面料剪切、折叠、聚拢、抽褶等形成的点是面料二次设计形式下的点，这些点的形式包含面料、色彩、图案，属于独立于服装结构设计以外的设计。因此，点较难在服装结构设计中体现出来。

二、面

　　面与点相比较，面是大的，具有一定的形状与面积，是服装结构的主体。服装由不同形状和大小的面组成。每一个面都有各自的使命和价值，是服装结构设计中不可或缺的组成部分。

（一）结构面（图 3-4-1）

　　改变服装造型的面，是结构线围合而成的面，面的位置主要在改变服装造型的省的附近。图 3-4-1 体现了前胸部的菱形面和下摆的扇形面，菱形面包含胸省和胸腰省，形成菱形结构面；腰部以下的腰臀省及下摆展开的量，以对调转移的形式，形成较大的扇形结构面。菱形面可通过刺绣、印制图案，或采用别色面料等形式，突出菱形结构面。

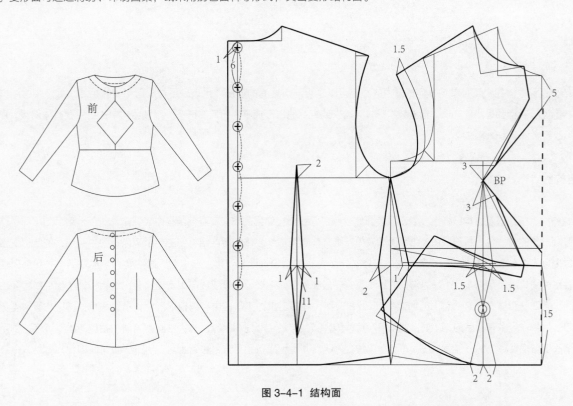

图 3-4-1 结构面

（二）装饰面（图3-4-2）

　　装饰面因为不受结构线的限制，更加灵活多变，可出现在服装的任何一个部位，以审美性为主。

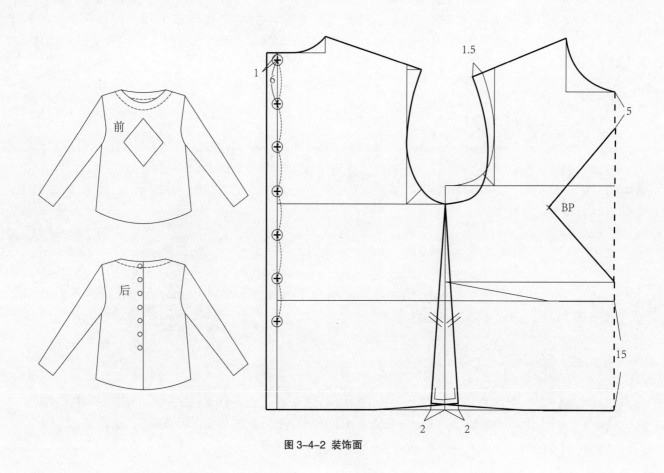

图 3-4-2 装饰面

三、线

　　服装结构设计中的线，不是单纯几何概念中的线，可以是点与点之间的连接，也可以是构成面和体的条件。服装中的结构、分割、缝线、廓型、衣褶都是线的体现，这些线根据设计需求或直或曲，形成不同的款式形态。服装结构中的线主要有体现服装形态的结构线和不改变服装造型的装饰线。

（一）结构线（图3-4-3）

　　服装结构线是指在服装结构纸样上，表示服装部件裁剪、缝纫结构变化的线，在服装结构中起到主导作用。服装结构线是体现廓型、改变服装形态的线，也是将服装由二维平面转变为三维立体造型的线。本内容的结构线主要是指以省为中心的线的结构变化。其结构设计原则以不脱离省尖为准，主要有胸省、胸腰省、腰臀省的结构设计与变化。结构制版时主要有常规性结构线和创新性结构线。常规性结构线是服装结构设计中最为常见的线：胸省一般在肩部1/2处、袖窿弧线与胸宽线和背宽线相切处；侧缝线省多在腋点至腰围线的1/2处；腰省多在BP点附近，或稍向侧缝线偏移，线形自上而下与前中心线相平行，省量大小根据胸腰和腰臀差量加一定松量确定；后片省量多在背宽的1/2处，或稍向后片偏移，省线与后中心线相平行，省大由腰臀差量加相应的松量确定。创新性结构线则是指改变常规性省位的一种线，线段造型和位置变化明显，造型上可圆可方，位置上可上可下，也可斜向出现，给人以意想不到的效果。

1. 常规性结构线

（1）如图 3-4-3 所示，前片胸省转移至袖窿弧线上，取胸宽线与袖窿弧线相切的点，或在延长的前肩点下降 8cm，将前下份转移其中；胸腰省则偏离胸高点 2cm，下降 4cm 作为省尖位和高，以此点为基点作前中心线的平行线，腰省左右各取 1.2cm，衣摆左右外放 2cm，直线连接各点，衣摆放量起翘，曲线连接前中心线。侧缝线省：在原侧缝线的基础上向两边各取 1cm，衣摆外放 2cm，直线连接各点，前衣摆外放起翘曲线连接胸臀省衣摆外放起翘量。后腰省：后侧缝向里进 10cm，下降 4cm，作后中心线的平行线，腰围处左右取 1cm，衣摆外放 2cm，直线连接各点，并以曲线连接背宽线与后袖窿弧线相切的点。图中此款式属于常规 X 型服装结构制版，是服装中常用的结构线。

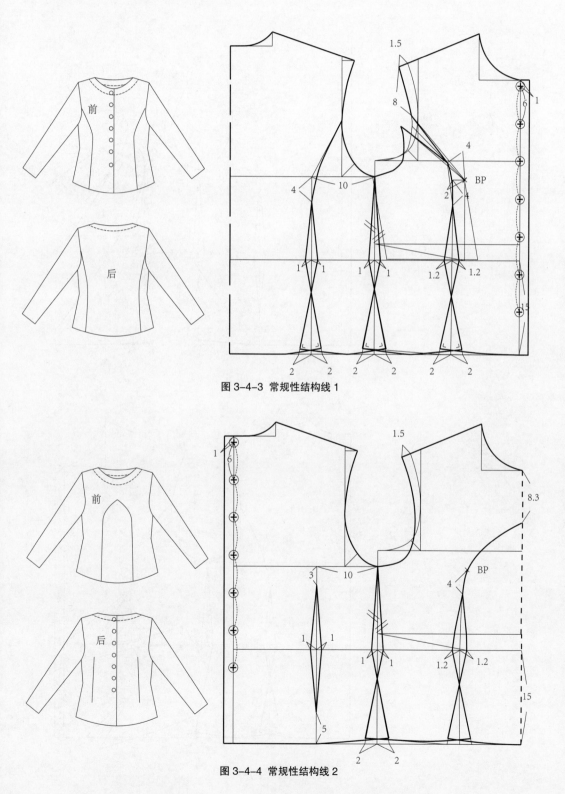

图 3-4-3 常规性结构线 1

图 3-4-4 常规性结构线 2

（2）如图 3-4-4 所示，此款式没有进行省量转移，前下份的量在前袖窿弧线处画顺调整掉，此款式因为省量没有全部被消化，所以胸部稍有余量。胸腰省：以 BP 点为基点作前中心线的平行线，腰部左右各取 1.2cm，衣摆左右外放 2cm，直线连接各点，曲线与前颈点下降 8.3cm 处相连接。侧缝省：腰部左右各取 1cm，衣摆左右外放 2cm，直线连接各点。后省：腋点向后进 10cm，下降 3cm 为后腰省长，以此点为基点，作后中心线的平行线，腰部左右各取 1cm，衣摆上升 5cm 为腰臀省尖长，连接各点。此款式的结构线简单，是常用结构线之一，因胸腰省没有进行转移，因此胸部有适当余量。

2. 创新性结构线

（1）图 3-4-5 为创新性结构线的结构制版，前片两个套起来的心形结构，隐含胸省和胸腰省。胸省：进行转移，转移至心形尖部，将心形尖部设定在腰围线处，转移省量。腰省：隐藏在第二个心形结构线里，设定腰省位置，省尖与心形线相交，省大向两边各取 1.2cm，衣摆向两边放量 2cm，将胸腰省合并转移至心形线中，下摆将展开的量合并，形成无结构线外展的 X 型。前肩线延长1.5cm 与后肩线等长，曲线修正前袖窿弧线。侧缝省：在腰围处左右各收 1cm，衣摆外放 2cm，直线连接各点，形成收腰外展的侧缝线。后片腰省：后腋点向后进 10cm，以此点为基点作后中心线的平行线，下降 1.5cm 为省尖高度，腰部左右各收 1cm，与衣摆向上 5cm 的点相交，为腰臀省尖长度位置，直线连接各点，后腰省完成。此类结构线为创新性结构线，追求的是结构线与造型面的巧妙结合，整体造型别致新颖，但要注意工艺制作的难易度。

（2）图 3-4-6 是创新性结构线最直观的一种结构设计，服装中的结构线虽然没有在传统的位置出现，但并不妨碍所需造型的展示。胸省通过省量转移放在袖窿弧线的位置上；腰省以斜线的形式与前门襟相交。制版时，先将胸腰省和腰臀省所需的位置、省大、省尖长度按照传统制版方式操作，然后将设计的省与省尖相连，为腰部省量转移做准备，通过剪切法将省量转移至规定的省位；腰臀省转移与胸腰省转移相同。

图 3-4-5 创新性结构线 1

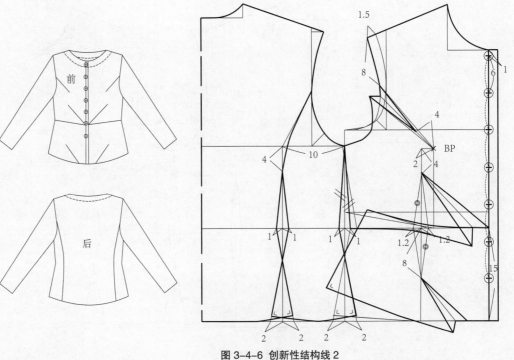

图 3-4-6 创新性结构线 2

（二）装饰线

装饰线对服装的功能性起不到决定性的作用，但具有很强的审美性。因此，装饰线在一定程度上不受位置限定，合理的装饰线设计对款式设计具有画龙点睛的作用。在结构设计中，装饰线有断开式装饰线和半断开式装饰线。断开式装饰线主要是指贯穿整个衣片的装饰线；半断开式装饰线主要是指，线段没有将衣片分为两块，而是在衣片的某个点结束，成为衣片的一部分，此种线迹制版时需通过剪切纸样的形式满足缝合量，又因为此量并不是人体凹凸面形成的差量，所以，制版时要注意剪开放量不宜过大，以免形成的凸起过大，从而影响整个服装的款式造型。

1. 断开式装饰线

图 3-4-7 在 A 型 款服装中的为断开式装饰线设计，设计原则主要是以审美性为主。第一条装饰线，以肩点为基点下降 8.5cm，斜向交于胸围线下降 5cm 处；第二条线以腋点为基点向下 5cm，斜向交于前中心线，与第一条装饰线相平行。为取得装饰线设计上的突出效果，此断开式装饰线多采用别色面料。图 3-4-8 所呈现的断开式装饰线是不对称的竖向与斜向相结合的装饰线。

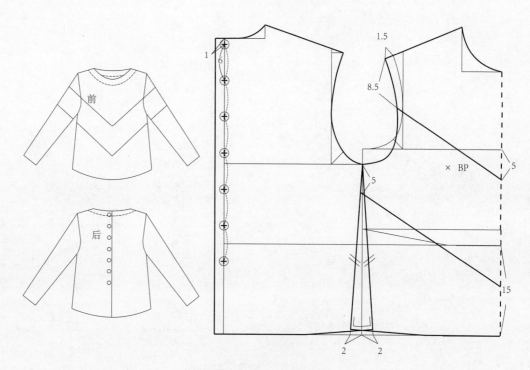

图 3-4-7 断开式装饰线 1

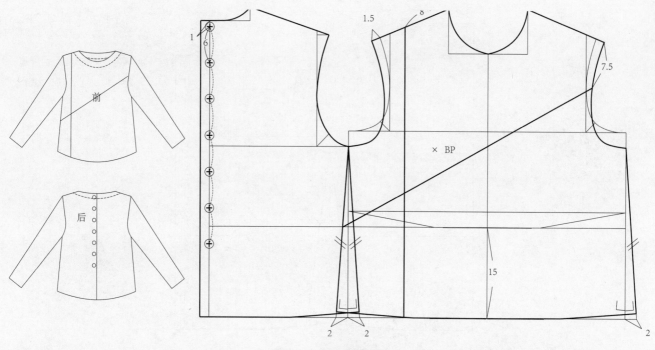

图 3-4-8 断开式装饰线 2

2. 半断开式装饰线

图 3-4-9 中的装饰线没有将服装的前片完全切割成相对独立的裁片，而是在前中心线结束。此装饰线不是人体凹凸差量的结果，展开的量只是缝合需要的量，因此展开量不能太大，过大会造成不必要的凸起，影响整体款式效果，打开量一般在 1.5cm 以内。制版时先确定两条装饰线位置：第一条装饰线是在前肩点下降 8.5cm，在前中心线与胸围线的交点下降 5cm，两点连成一条交于前中心线的斜线；第二条装饰线在前后腋点下降 5cm，与第一条装饰线相平行，长度至前中心线处。以两条装饰线的结束点为基点，沿前中心线剪开，并作两条装饰线的展开缝合量，缝合量不宜过大，在 1.5cm 以内为宜。展开后的线与前中心线交叠一定的量，将此量在侧缝处补齐。

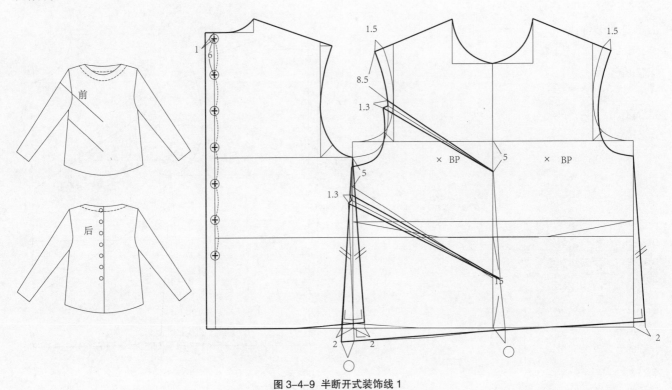

图 3-4-9 半断开式装饰线 1

图 3-4-10 则在 A 型款式造型上直接收取后省，形成前片造型外展，后片似夹克的款式造型。

图 3-4-10 半断开式装饰线 2

四、体

在服装结构设计中，体是脱离人体形态的，以三维的形式和立体的状态展现出来的服装外部特征，具有长度、宽度和厚度三个特性，有很强的空间感。褶裥是体在服装中最直观的表现形式，主要有自由褶、规则褶和波浪褶三种形式，规则褶又有顺褶、工字褶和箱形褶三种状态。

（一）自由褶

自由褶是指褶与褶之间的褶量大小、褶的长度、褶的位置在排列过程中不一致，形成自由随意的活褶形态。如图3-4-11，将自由褶运用到腰围线以上的前中心线上。制版时先将胸省转移至前中心线上，再将设定好的胸腰省转移至前中心线上，根据褶裥的多少和大小追加相应的褶量，位置可根据设计确定，通过剪切放量的形式完成。

（二）规则褶

规则褶是指褶与褶之间在褶位、褶量、褶的倒向等方面具有一定的秩序性，向一个方向倒的褶叫顺褶，两褶相对的褶为工字褶（阴褶），两褶相向为箱形褶。

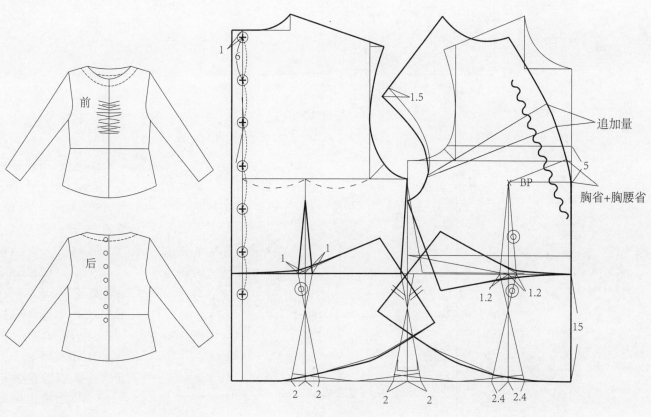

图3-4-11 自由褶

1. 顺褶

（1）平展顺褶，是指打开的褶量上下大小一致，形成秩序井然的顺褶形态。图 3-4-12 为向前中心线倒伏的顺褶，褶量大小为 1cm，褶距 1cm，形成排列顺序一致的顺褶，使此处的褶具有很强的装饰性和体积感，改变了面料本来平整的形态，也属于面料二次设计的一种形式。制版时以平移的形式按要求进行纸样的剪开展开，标注褶向。

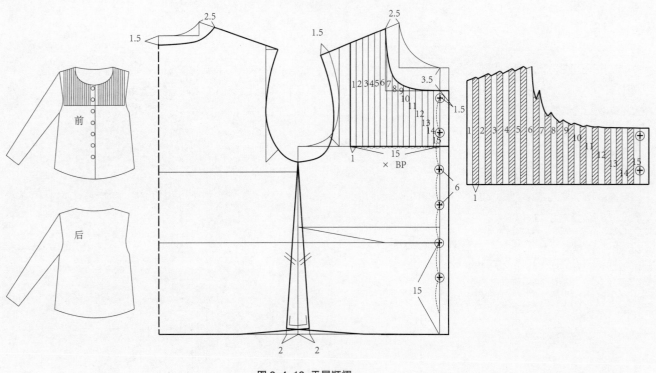

图 3-4-12 平展顺褶

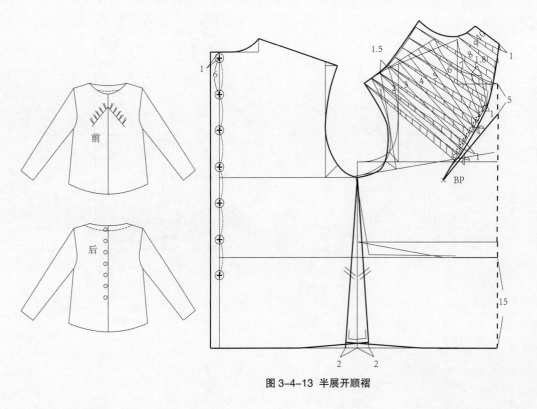

图 3-4-13 半展开顺褶

（2）半展开顺褶，将纸样一边打开，一边不打开，打开的褶量、位置相同，形成有序的活褶。图 3-4-13 是褶与省结合的顺褶形态，先将胸省转移至前中心线上，将省量沿中心线剪开，剪切时要距离省尖一定量，以免缝制时缝份量不足，设定 10 个褶，每个褶距为 1cm，沿设定的褶位用剪刀剪开至外围结构线，展开 1cm 为褶量，依次剪开展开，将打开褶量的外部形态曲线连接至省尖，曲线修正前领围线和前肩线，结构制版完成。

2. 工字褶

图 3-4-14 是在前中心线上进行的一个工字褶设计，以胸围线为基点向上 5cm，以此点为基点作胸围线的平行线，将前衣片分成上下两部分，再将下半部分进行剪开展开，8cm 工字褶量。图 3-4-15 将腰臀省隐于工字褶之中，形成收腰款工字褶。

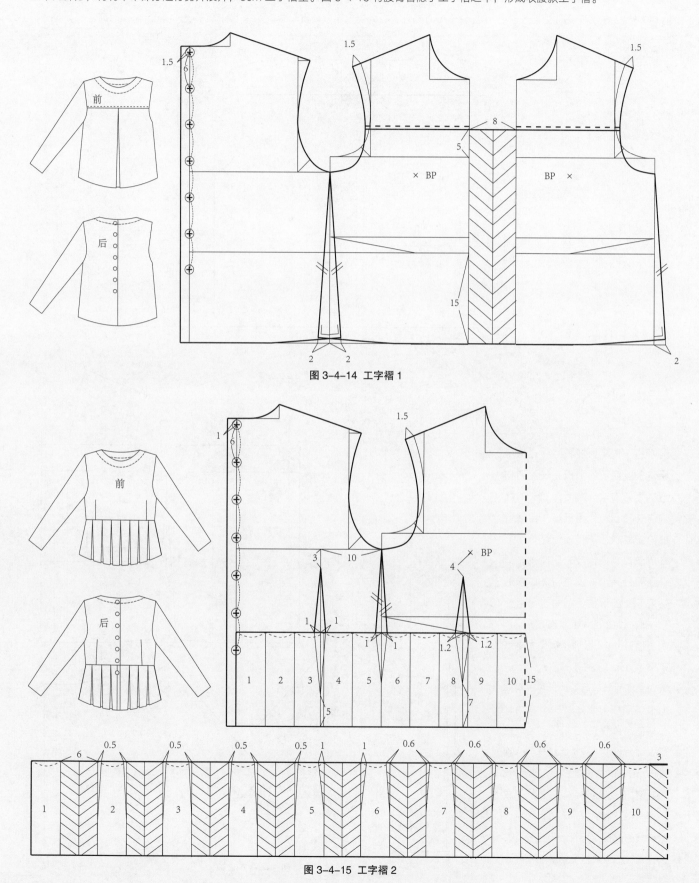

图 3-4-14 工字褶 1

图 3-4-15 工字褶 2

3. 箱形褶

图 3-4-16 在后中心线上做了一个箱形褶，后中心线下降 6.5cm，作胸围线的平行线，将后片剪切成两部分，展开 9cm（推荐数据），平均分成 3 等份，两个 3cm 折叠在下，中间 3cm 在上，形成形如箱的结构造型。此款多用于宽松式服装中，所以将后肩线上抬 0.5 ~ 1.5cm，前肩线上抬 0.5 ~ 1.5cm，侧缝不收腰，或外展，不做胸省、腰省处理，前肩线延长 1.5cm 补足后肩省长。

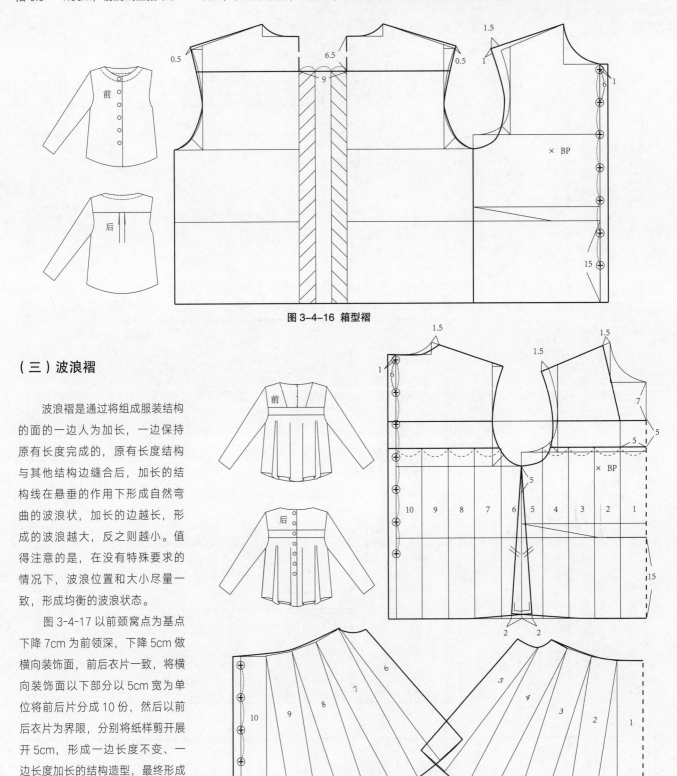

图 3-4-16 箱型褶

（三）波浪褶

波浪褶是通过将组成服装结构的面的一边人为加长，一边保持原有长度完成的，原有长度结构与其他结构边缝合后，加长的结构线在悬垂的作用下形成自然弯曲的波浪状，加长的边越长，形成的波浪越大，反之则越小。值得注意的是，在没有特殊要求的情况下，波浪位置和大小尽量一致，形成均衡的波浪状态。

图 3-4-17 以前颈窝点为基点下降 7cm 为前领深，下降 5cm 做横向装饰面，前后衣片一致，将横向装饰面以下部分以 5cm 宽为单位将前后片分成 10 份，然后以前后衣片为界限，分别将纸样剪开展开 5cm，形成一边长度不变、一边长度加长的结构造型，最终形成下摆有微波浪的款式形态。要制作大波浪的衣摆，可直接将打开量加大，最大的波浪为 360°波浪。

图 3-4-17 波浪褶

图 3-4-18 为高腰型服装，借鉴古代高腰抹胸的结构造型，结构图所呈现的所有数据都为款式造型所服务，前领宽去掉 1.5cm，后领口宽跟进；3cm 为装饰带宽，此处可以用别布或绣花，后片跟进；前颈窝点下降 7cm 为前领深；BP 点引出的线交于前中心线下降 6cm，作平行于腰围线的直线，前后一致；在正常腰围线收前腰省 3cm，后腰省 2.2cm，侧缝辅助线与衣摆交点前后片各向里收进 2cm，按收量将省画完整，BP 点下降的 6cm 处的结构线上所收的量即抹胸结构设计收取的量；抹胸下围线总长 2π+3cm（左右叠门宽和）为半径取圆，以圆的某一点为基点向下量取服装的下半部分长度 6.8+15=21.8cm 作圆，360°波浪褶完成。值得注意的是，由于 360°波浪褶包含各不相同的丝缕向，面料的伸缩率也不尽相同，为了避免波浪褶在一段时间后出现不同长度的外部形态，裁剪后的面料需悬垂一段时间后进行二次修正，方可与服装的上半部分进行拼接。

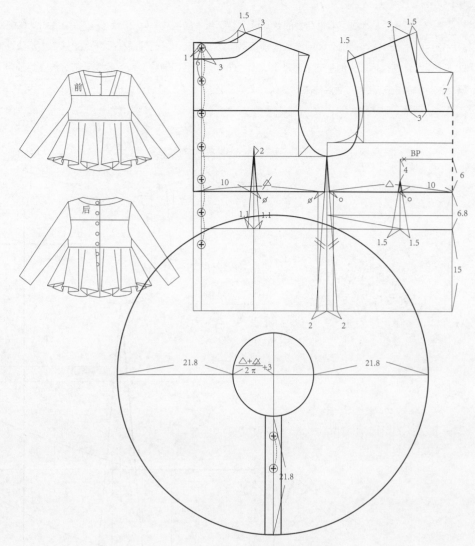

图 3-4-18 360° 波浪褶

五、点、线、面、体的组合与创新

人体是一个复杂的曲面，需多种结构造型共同完成，因此，服装中的点、线、面、体不是孤立存在的，而是多种元素共同组成的综合体，如何处理好它们之间的关系是服装结构设计的关键，也是对审美设计最大的考验。

图 3-4-19 采用了线、面结合的结构设计手法，将设计点放在侧面，并将前后省量转移至侧面的心形外部边缘线中，为不破坏侧面的心形造型，采用无侧缝线结构设计。

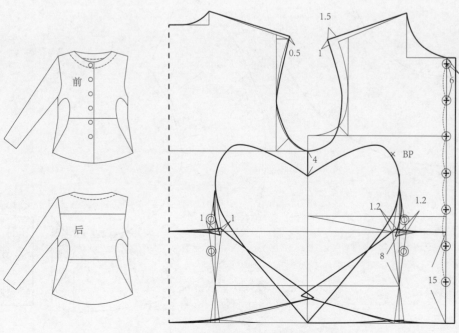

图 3-4-19 线面结合

图 3-4-20 为装饰线与褶裥结合的款式造型。衣长：腰围线下降 30cm。前后侧缝线：侧缝线辅助线向两边各去 4cm，直线连接前后腋点。褶长 15cm。前后领围线：前领口宽向外出 1.5cm，前领深在颈窝点的基础上下降 2cm，曲线修正前领围线，后领口宽向外出 1.5cm，在原后领深的基础上下降 1.2cm，曲线连接后领围线。前后肩线：前肩线在肩顶点处上升 1cm，直线连接，以修正好的肩点为基点向里进 3cm，后肩线上升 0.5cm，直线连接后肩线，后肩线长 = 前肩线长。前后袖窿弧线；将修正完成的前后肩点与前后

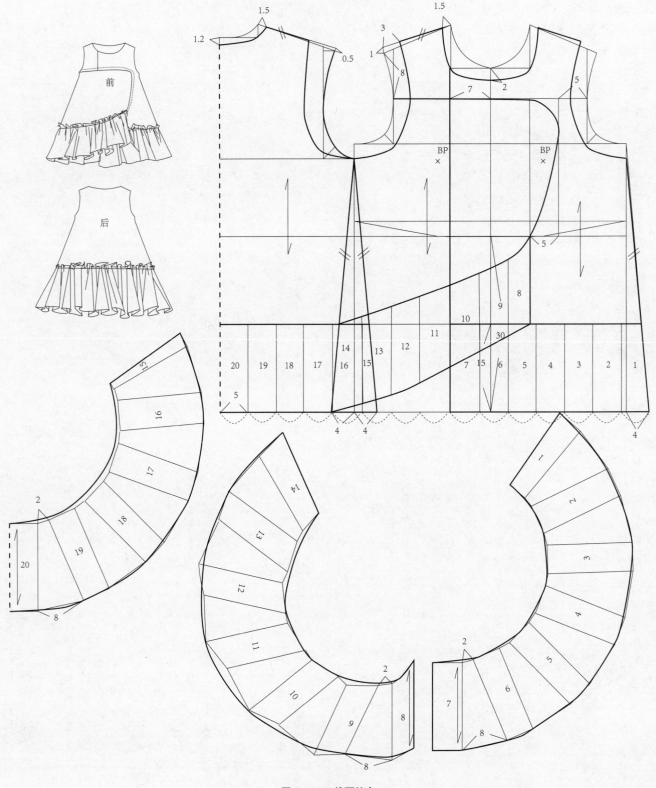

图 3-4-20 线面结合

· 60 ·

腋点曲线连接。装饰线：前肩点下降 8cm，作平行于胸围线的直线，交于另一侧袖窿弧线，以此交点为基点向里进 5cm，作垂直线，交于腰围线，并以此点为基点向前中心线进 5cm，顺势曲线与侧缝线的褶长点连接。左侧门襟：前中心线向左进 7cm，直线连接上至领围线，下至裙摆线。右侧褶：以装饰线的形态为基本，测量褶长 15cm，曲线连接至侧缝线，线段与装饰线相平行。左侧褶和后身褶：在衣身上量取 15cm 即可。活褶：将前后左右准备打开的褶以 5cm 宽为单元分割成若干块，并编上编号，以免打开展开时遗漏或错放，展开数据为下展 8cm，上展 2cm，形成上有褶裥、下有波浪的服装形态。

【课后练习题】

（1）熟练掌握儿童衣身结构设计变化原理与方法。
（2）熟练掌握衣身细节结构设计的制版原理与方法。
（3）掌握点、线、面、体在衣身上的运用原理与方法。
（4）分别进行衣身细节结构设计的训练与练习。
（5）分别进行点、线、面、体在衣身上的结构设计练习。

【课后思考】

（1）衣身结构细节设计有哪些？
（2）如何根据细节结构设计的制版原理与方法，进行举一反三的
创新性结构设计。
（3）点、线、面、体在童装中创新性使用技巧与方法。

第四章
领子结构制版原理与方法

学习内容

- 童装领子的分类
- 不同领型的结构特点、制版原理与方法
- 各种领型创新性结构制版原理与方法

学习目标

- 掌握各种领型的制版原理与方法
- 具有创新能力和举一反三的能力
- 具有精益求精的工匠精神和报效祖国的情怀

　　领子在服装中有着举足轻重的地位，美观的领型具有画龙点睛的作用。儿童领型与成人装中的领型结构设计方法相同，但由于儿童体型特征、行为方式与成人大相径庭，因此，在领型结构设计时应根据不同的年龄和场合确定童装的领型设计。0~6岁儿童体型较为一致，多四肢短、脖颈短，胸腰臀三者之间的差量小，因此，服装多以无领座或低领座领型为主，更多的要兼顾结构上的舒适性，如无领、扁领、领座较低的企领和立领。童装领型结构设计原则主要遵循舒适性和审美性，审美性着重于可爱、俏皮等符合儿童特点的结构造型。

　　领型按其形态可分为无领和有领两种基本形式。无领有圆领、方领、V字领、一字领以及不同无领形式的组合与变化。有领种类比较繁杂，造型独树一帜，在服装结构设计中涉及的面最为广泛，主要有立领、企领、扁领、风衣领、翻驳领等形式。

第一节 无领

无领形式简洁大方且比较适合脖颈较短的幼童，因此成为童装款式造型中常见的领型之一。但儿童的脖颈不仅短且较细，因此结构设计中的领深和领宽不宜过大，避免领子偏离脖颈，出现走形的现象。一般情况下，以前颈窝点为基点，向下不超过10cm，以颈侧点为基点向外不超过3cm。

一、圆领

1. 结构特点

领型圆润拘谨，领深线与领宽线没有交角，呈圆滑的曲线造型，是夏季童装常用领型。

2. 结构制版（图4-1-1）

（1）确定圆领的大小。

（2）在原型的基础上，前领深下降2~3cm（推荐数据），颈侧点向肩点方向进1~1.5cm（推荐数据），重新修正领型，外形呈圆形。

（3）为适应前领宽对后领宽做适当调整，后领深一般下降0.5~1cm（推荐数据）作为圆领的后领深度，重新修正后领围线。

3. 设计方法

在圆领的基础上进行造型变化，会产生创新性较强的圆领造型，一般情况下领围线的变化多样，或直或曲，或对称或不对称，或添加装饰物（图4-1-2）。

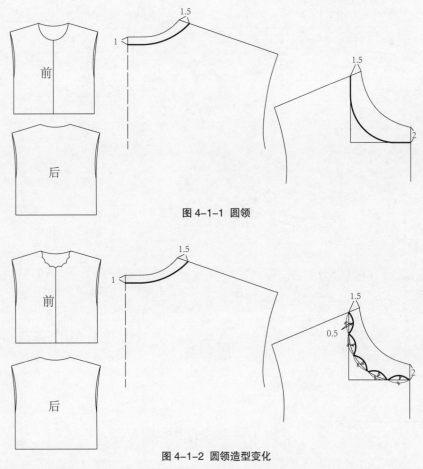

图 4-1-1 圆领

图 4-1-2 圆领造型变化

二、方领

1. 结构特点
方领造型方正，领深线与领宽线形成明显的交角，交角或钝角或锐角或直角，外观典雅大方，是夏季童装常用领型。

2. 结构制版（图 4-1-3）
（1）确定方领领口的大小。

（2）在原型前领深的基础上下降 2 ~ 3cm（推荐数据），颈侧点向肩点方向进 1 ~ 1.5cm（推荐数据），重新修正领型，外形呈方形。

（3）为适应前领宽对后领宽做适当调整，后领深不下降，或下降 1cm（推荐数据）作为方领的后领深度，后领造型可呈方形也可不呈方形，重新修正后领围线。

3. 设计方法
在方领的基础上进行造型变化或添加装饰物（图 4-1-4）。

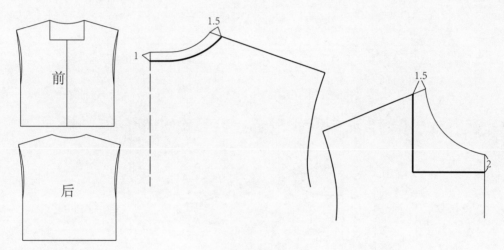

图 4-1-3 方领

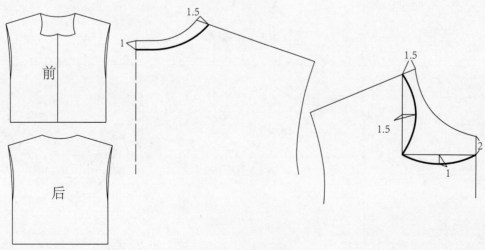

图 4-1-4 方领造型变化

三、V 领

1. 结构特点
此领型的结构设计主要在领深的尺寸取舍，领宽向内进 0 ~ 1.5cm，与领深相交于前中心线上，整体外观呈 V 字形，是夏季童装常用领型。

2. 结构制版（图 4-1-5）
（1）在原型的基础上，颈侧点向肩点移动 0 ~ 1.5cm，确定 V 领的颈侧点。

（2）以原型领深为基点向下取 7cm，作为领深。

（3）直线连接 V 领的颈侧点和领深，V 领制版完成。

（4）后领宽为适应前领宽做适当调整，下降 0.5 ~ 1cm（推荐数据）作为 V 领的后领深度，重新修正后领围线。

3. 设计方法
在 V 领的基础上进行造型变化或添加装饰物（图 4-1-6）。

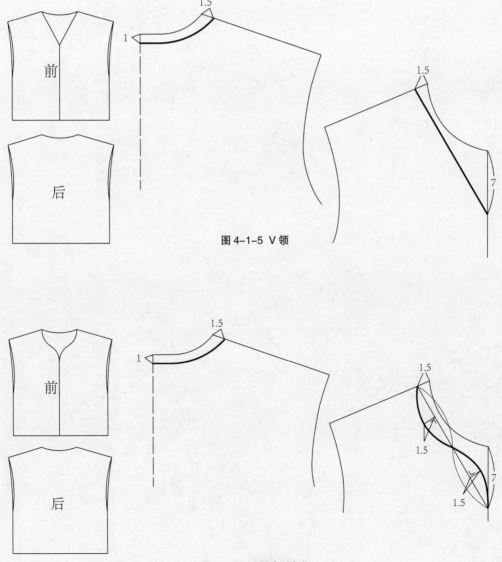

图 4-1-5 V 领

图 4-1-6 V 领造型变化

四、一字领

1. 结构特点

一字领是领宽较大、领深较小的领型。外形呈一字状，领宽应注意尺寸的合理性，尺寸过大易造成肩点滑落、结构设计不合理。领深可以设定在颈窝点，也可适当下降 2 ~ 3cm，但下降不能过大，否则一字领的特征会被减弱。

2. 结构制版（图 4-1-7）

（1）在童装原型基础上进行领宽的设定，以原型的颈侧点为基点向肩点取 8cm。

（2）以原型领深或下降 2 ~ 3cm，作为一字领的领深点，直线连接一字领的领宽线和领深线，一字领制版完成。

（3）后领宽为适应前领宽做适当调整，后领深不下降，或下降 0.5 ~ 1cm（推荐数据）作为一字领的后领深度，重新修正后领围线。

3. 设计方法

在一字领的基础上进行造型变化或添加装饰物（图 4-1-8）。

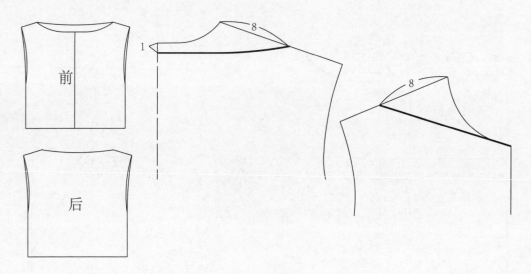

图 4-1-7 一字领

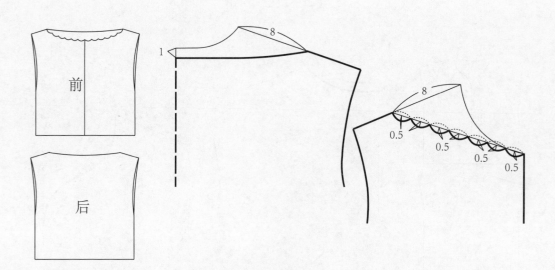

图 4-1-8 一字领造型变化

五、不对称领

1. 结构特点

此领型左右或前后不对称，主要用于创新性的童装细节设计中，此领型随意、活泼，不拘泥于传统造型，具有标新立异的特点。

2. 结构制版

此领型呈不对称造型，一般有三种形式：

（1）左右颈侧点领宽不对称。以颈侧点为基点，一侧向肩点取 1.5cm（推荐数据），另一侧取 5cm（推荐数据），前颈窝点下降 7cm，直线连接左右颈侧点领宽（图 4-1-9）。

（2）左右领深不对称。以前颈窝点为基点向下分别测量 5cm、7cm，颈侧点向肩点进 1.5cm（推荐数据），直线连接两点，分别在两直线的 1/2 处下降 1.5cm，曲线连接（图 4-1-10）。

（3）左右造型不对称。左右领型，一侧为下凹弧线型，一侧为曲线型（图 4-1-11）。

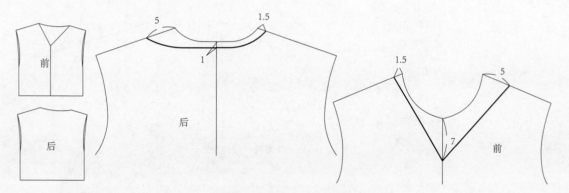

图 4-1-9　颈侧点左右不对称

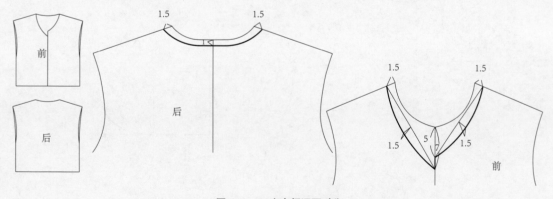

图 4-1-10　左右领深不对称

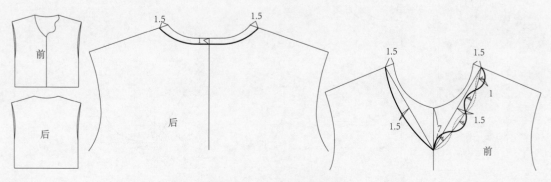

图 4-1-11　左右造型不对称

3. 设计方法

不对称领型的设计形态多种多样，审美性较强，合理的不对称领型具有耳目一新的视觉效果。

4. 无领的各种组合

利用无领的基本形态进行重新组合形成一种新的领型结构，这种领型活泼新颖，是童装结构设计中常用领型之一。例如，一字领与 V 领的组合（图 4-1-12）、方领与圆领的组合（图 4-1-13）、圆领与 V 领的组合（图 4-1-14）、一字领与圆领的组合（图 4-1-15）、方领与 V 领的组合（图 4-1-16）、V 领与方领的组合（图 4-1-17）。

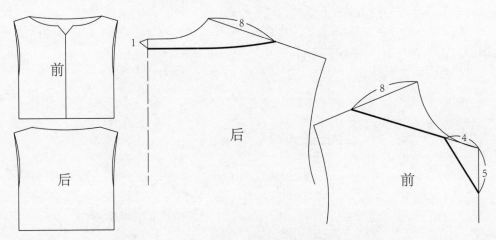

图 4-1-12　一字领与 V 领组合

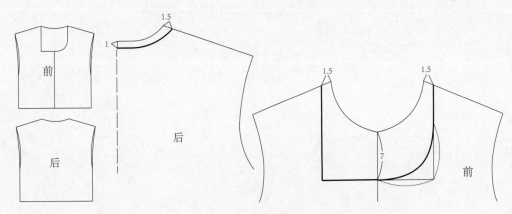

图 4-1-13　方领与圆领组合

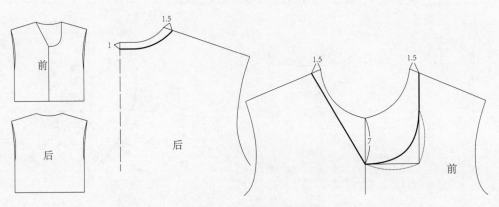

图 4-1-14　圆领与 V 领组合

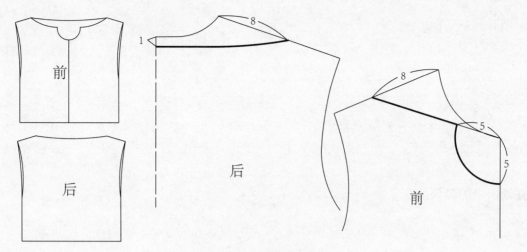

图 4-1-15 一字领与圆领组合

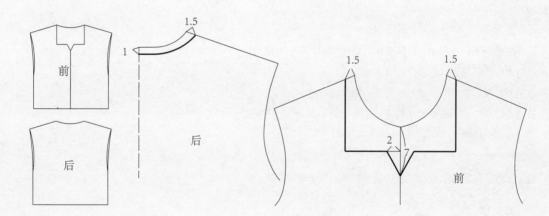

图 4-1-16 方领与 V 领组合

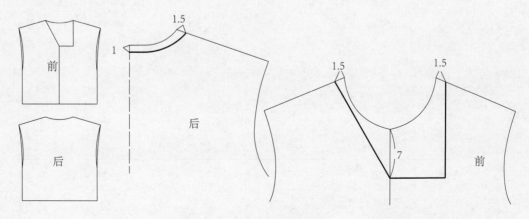

图 4-1-17 V 领与方领组合

第二节 立领

立领是由领上围线（领口线）、领下围线、领后中心线、领前中心线、领开口五部分组成的。其结构设计重点在于立领高度、领上围线长度、造型变化、领开口的位置与造型变化等。由于儿童脖颈较短，制约了立领高度和起翘，同时设计应将衣身的领围线适当加大，增加领下围线的长度，使整个立领脱离儿童颈部一定距离，增强其舒适性。立领又分为直角立领、锐角立领、钝角立领。

一、与立领衔接的领围线

立领是竖立在脖颈周围的一种领型，领型简洁，靠近脖颈，因此与立领衔接的领围线一般在后第七颈椎骨、左右颈侧点、前颈窝点，此领型较为传统，多用于旗袍和较正式的童装礼服中，但鉴于儿童脖颈短的特点，领围线一般会在前颈窝点处下降 0.5 ~ 2cm，颈侧点也向外移出 0.5 ~ 1cm，形成较为放松的领围线。

二、立领结构名称（以钝角立领为例）（图 4-2-1）

（1）领下围线辅助线。辅助制作领下围线。

（2）领下围线。与衣身领围线衔接的线，通常情况下与衣身领围线等长。

（3）领后中心线辅助线。后领座高辅助线。

（4）立领高。又叫领座高，决定领型的结构造型与特征。

（5）领后中心线。位于人体后颈部 的 1/2 处，与后第七颈椎骨衔接。

（6）领前中心线辅助线。领前中心线制版辅助线。

（7）领前中心线。位于人体前脖颈的 1/2 处，与前颈窝点衔接。

（8）领上围线。又称领口线，是立领造型变化最为丰富的部位。

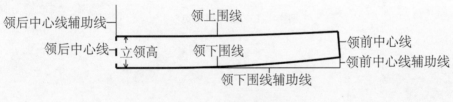

图 4-2-1 立领结构名称

三、直角立领

1. 结构特点

领座与肩线呈直角，领前中心线不起翘，上下领围线等长，呈长方形造型。

2. 制图规格（表 4-2-1）

表 4-2-1 直角立领制图规格　　　　　　（单位：cm）

号型	部位名称	后领高（领座）	前领高
100/56A	净体尺寸	2	2
	成衣尺寸	2	2

3. 结构制版（图 4-2-2）

（1）立领结构制版前，先将衣身的领围线根据要求进行衣身领围线修正与完善，根据儿童脖颈的特点，将衣身领围线的深度和宽度进行相应的调整。

（2）领下围线。衣身后领弧线长 /2+ 衣身前领弧线长 /2。

（3）后领座高辅助线。在领下围线上作垂直线。

（4）领座高（后领高）。后领座高的辅助线上取 1.5 ~ 2cm（推荐数据）。

（5）前领座高。在领围线的端点垂直上升 1.5 ~ 2cm（推荐数据）。

（6）直线连接后领座高和前领座高，直角立领完成。

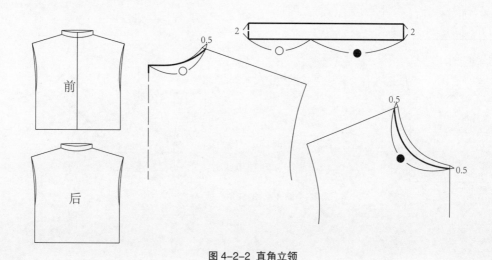

图 4-2-2　直角立领

四、钝角立领

1. 结构特点

领座与肩线呈钝角，领前中心线起翘，领上围线小于领下围线，前领高低于后领高 0.5cm。

2. 制图规格（表 4-2-2）

表 4-2-2　钝角立领制图规格　　　　　　　　（单位：cm）

号型	部位名称	后领高（领座）	前领高
100/56A	净体尺寸	2.5	2
	成衣尺寸	2.5	2

3. 结构制版（图 4-2-3）

（1）领下围线辅助线。后领弧线长 /2+ 前领弧线长 /2。

（2）后领座高辅助线。以领下围线辅助线的起点为基点作垂直线。

（3）领座高。在后领座高的辅助线上取 2.5cm（推荐数据）为后领座高。

（4）领前中心线起翘。以领下围线辅助线的前领中心点为基点起翘 0.5 ~ 1.5cm（推荐数据）。

（5）领下围线。曲线连接领后中心点与起翘，与领下围线辅助线的 1/3 处相切；起翘越大，曲线与领下围线辅助线相切处越靠近领后中心线。领围线的长度始终与后领弧线长 /2+ 前领弧线长 /2 的和相等。因此，弯曲的领下围线不一定相交于领下围线辅助线的前中心点上，一般会偏离辅助线的前中心点 0.2 ~ 0.5cm，当然随着起翘的加大，偏离尺寸也加大。

（6）前领座高。在领座辅助线上，以前领弧线长的结束点为基点，垂直于领下围线上取前领座高度为 2cm（推荐数据）。

（7）领上围线。曲线连接领前中心线与后领座高，曲线画顺的方法同于领下围线的画法。

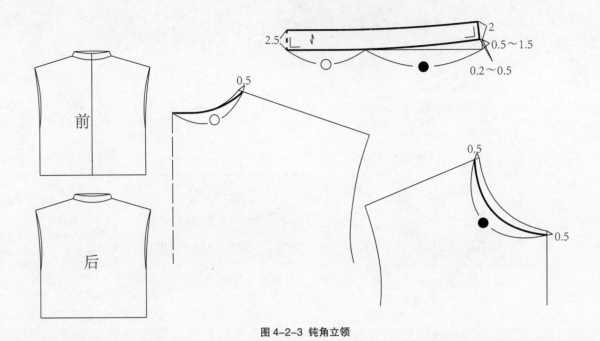

图 4-2-3 钝角立领

4. 注意事项

（1）前领起翘。前领起翘数据越大，领上围线越小，当起翘到一定程度时，领上围线的长度不能满足人体正常的脖颈围度，钝角立领的功能性丧失。

　　① 与衣身领围线大小有关。一般情况下，衣身领围线（领口线）越大，立领起翘尺寸可适当加大，原型领围线的立领起翘一般在 1 ~ 1.5cm 左右。

　　② 与领座的高度有关。领座越高，起翘越低，反之则越大。

（2）衣身领围线过大时，立领会平铺于人体上，立领特征消失，成为衣身的拼接部件。

（3）前领高度一般不超过后领座高。这是人体颈部前倾的结果，过高的前领会造成下颚不适，但创新性领型除外。

（4）制版时前中心点的位置不一定在辅助线的后领口长＋前领口长，由于前中心线起翘，下领围线呈弧线，长于直线型的下领围线辅助线，因此要稍进 0.2 ~ 0.5cm，这样完成的下领围线与衣身领口线等长。所进尺寸与立领起翘有关，起翘越大，所进尺寸越大。

五、锐角立领

1. 结构特点

　　领座与肩线呈锐角，后中心线起翘，领上围线长于领下围线，形成上宽下窄的倒梯形。

2. 制图规格（表 4-2-3）

表 4-2-3 锐角立领制图规格　　　　　　　　　　（单位：cm）

号型	部位名称	后领高（领座）	前领高
100/56A	净体尺寸	2	1.8
	成衣尺寸	2	1.8

3. 结构制版（图4-2-4）

（1）领下围线辅助线。后领弧线长/2+前领弧线长/2。

（2）后领座高辅助线。以领下围线辅助线的起点为基点作垂直线，为领座高辅助线。

（3）后中心线起翘。在领下围线辅助线的基础上起翘1.5～2cm。

（4）领座高。在后领座高的辅助线上取2cm（推荐数据）为后领座高。

（5）领下围线。曲线连接后中心起翘点与前中心线。领下围线的长度始终与后领弧线长/2+前领弧线长/2相等。因此，弯曲的领下围线不一定相交于领下围线辅助线的前中心点上，一般会偏离辅助线的前中心点0.2～0.5cm，当然，随着起翘的加大，偏离会逐渐加大。

（6）前领座高。作前领下围线的垂直线，并取前领座高度1.8cm（推荐数据）。

（7）领上围线。曲线连接前中心线与后领座高，曲线画顺的方法同于领下围线的画法。

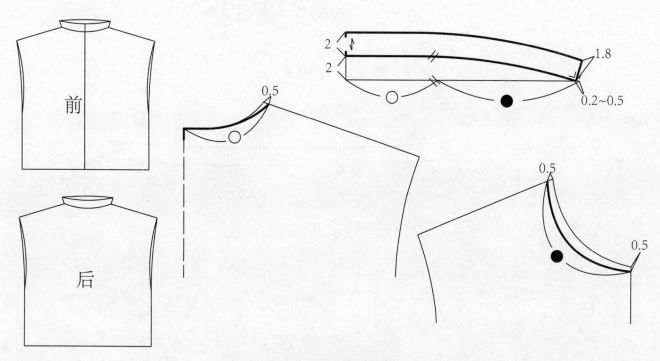

图4-2-4 锐角立领结构制版

4. 注意事项

（1）后起翘。下领围线后中心线处起翘越大，锐角立领的上围线越长，相反，则越小。当后起翘过大时，锐角立领平铺于衣身上，形成平铺领，锐角立领特征消失。

（2）后中心线起翘相较于前中心线起翘受限较少，一般情况下不会受领围线的大小、领座的宽窄限制，以舒适性为主。

六、创新性立领

　　无论是直角立领、钝角立领还是锐角立领，其创新性结构设计是相同的，主要有上领围线的造型变化、前后中心线的位置和造型变化及立领的长度变化。

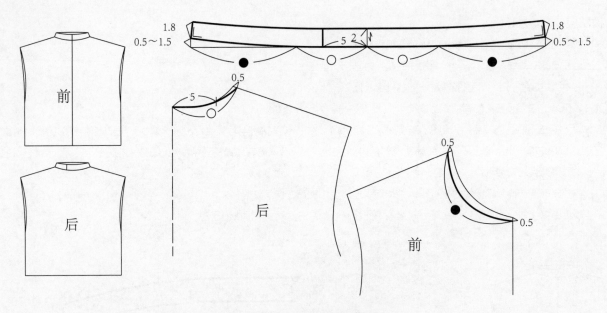

图 4-2-5 立领后中心线位置变化 1

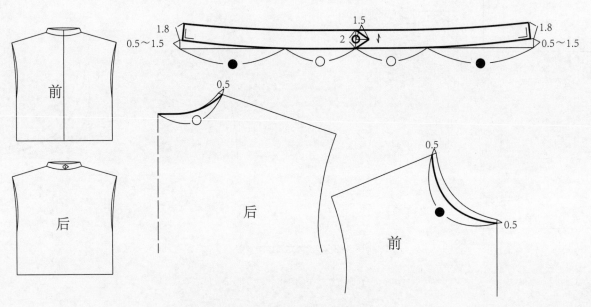

图 4-2-6 立领后中心线造型变化 2

1. 后中心线的位置、造型变化〔图 4-2-5、图 4-2-6〕

以钝角立领为例，领后中心线是立领结构制版的辅助线，多数情况下，后中心线在成衣中不体现出来，但后拉链、后开门等形式出现时，后中心线则作为功能线出现，当然也可作为装饰线进行位置和造型上的变化。

2. 前开口位置、造型变化

以锐角立领为例。立领的开口位置一般情况下多在前中心线上，但有时根据设计的需要会进行位置和造型上的变化。前中心线或左或右〔图 4-2-7〕；造型上主要是为前中心线与上围线交角的变化〔图 4-2-8〕。

3. 领上围线的造型变化〔图 4-2-9〕

以钝角立领为例。立领的上围线因为没有衣身领口线的限制而变化多样，造型或对称、或不对称、或弯曲，形态各异。

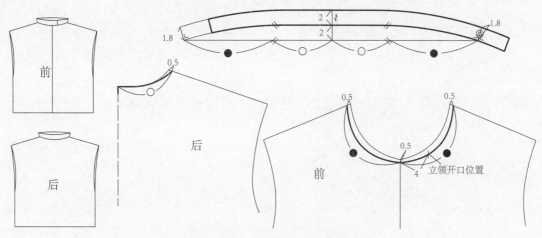

图 4-2-7 锐角立领前中心线位置变化

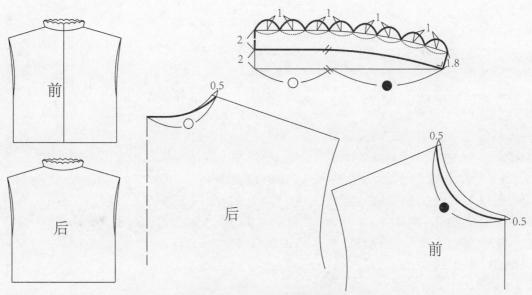

图 4-2-8 锐角立领上围线造型变化

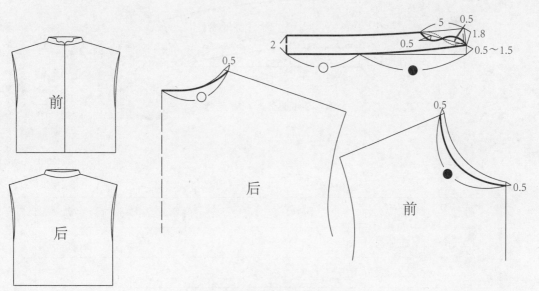

图 4-2-9 钝角立领前开口造型变化

第三节 企领

企领由领座和领面两部分组成，按其形态又可分为连体企领和分体企领两种形式。企领因领座较低、领面平展可爱而备受童装设计师的喜爱，是童装结构设计中常用领型。

一、连体企领（连体小翻领）

1. 与连体企领衔接的领围线

连体企领的领面与领座没有剪切线，领面受领座的限制较大，而领围线的长短决定着领面与领座的关系，领围线越大，领面和领座之间的空隙越大，领型越休闲随意，相反，则越紧密。因此，连体企领的领围线可以采用原型的领型作为领围线，也可加宽颈侧点0.5～1cm，前中心线下降的尺寸可根据设计确定，后中心线下降一般不超过0.5cm，后中心线下降过大，会形成领型后仰的现象。

2. 结构特点

连体企领中的领座和领面为一个整体，没有明确的分割线，此领领座的高度自后中心线逐渐向前中心线降低，至前中心线时连体企领的领座归于零。

3. 结构名称（图4-3-1）

（1）领下围线辅助线。辅助制作领下围弧线。

（2）后领辅助线。后领座高、后领面宽的引导线。

（3）企领下围线。与衣身领口线相衔接，并与衣身的领口线等长。

（4）领座。立领的部分，一般低于领面宽度。

（5）领面。领面的宽度一般比领座高多0.5～1cm，当领面和领座高的尺寸差加大时，后中心线起翘的尺寸增大，领座偏离颈部的尺寸加大，领面和领座之间的空隙增加，形成较轻松舒适的领型。

（6）企领翻折线。领面和领座的分界线。

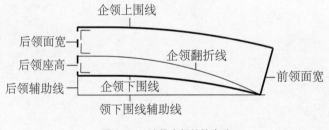

图4-3-1 连体企领结构名称

4. 制图规格（表4-3-1）

表4-3-1 连体企领制图规格　　　　　　　　　　（单位：cm）

号型	部位名称	后领座高	后领面宽	前领面宽
100/56A	净体尺寸	2	3	5
	成衣尺寸	2	3	5

5. 结构制版（图 4-3-2）

（1）领下围线辅助线。作长度为后领弧线长 /2+ 前领弧线长 /2 的线段。

（2）后领座高辅助线。以领下围线辅助线的起点为基点作垂直线，为后领座高辅助线。

（3）后中心线起翘。以后中心线与领下围线辅助线的交点为基点上升 2cm（推荐数据）。

（4）领下围弧线。以后中心线起翘点为基点，曲线连接至前中心点附近，并与后中心线呈直角，弧线长度与 1/2 前后领口线等长。

（5）后领座高。以后领起翘点为基点取后领座高为 1.5 ~ 2cm（推荐数据）。

（6）领面宽。以领座高为基点向上取领面宽 3cm（推荐数据）。

（7）前领角宽。在前中心线上作领下围线的垂直线（其角度应根据具体的款式造型来设定，或直角、或锐角、或钝角），长度为 5cm（推荐数据）。

（8）翻折线。曲线连接领座高至前中心线，并与领座高呈直角。

（9）领上围弧线。曲线连接领面宽与领角宽，与后领面宽呈直角。

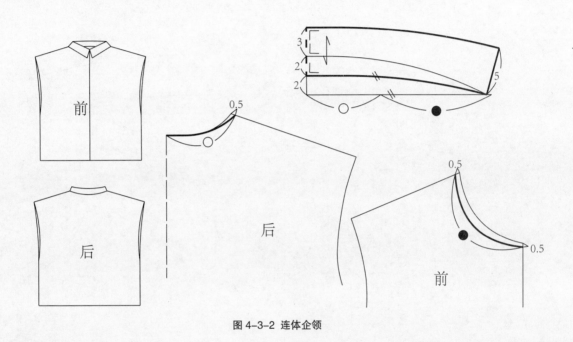

图 4-3-2 连体企领

6. 注意事项

（1）起翘量的大小决定了领子与颈部、领面与领座以及衣身领口线的关系。

　　① 起翘越大，空隙越大，相反，则越小。

　　② 领面宽超过 1cm，每增加 1cm，后起翘增加 1cm。例如，领座 2cm，领面 3cm，起翘 2cm。当领座 2cm、领面 4cm 时，后中心线起翘为 2+（4-3）=3cm。又如，当领座高 2cm，领面为 6cm 时，那么后起翘量为 2+（6-3）=5cm（图 4-3-3）。以此来缓冲领面与领座的差量。当领面过大而起翘不变时，那么领面翻折时，会迫使领座占用部分领面量，造成领座与设定的领座高度不符合。

　　③ 当衣身领口加大时，领后中心线的后起翘加大，因为衣身领口线加大后，连体企领无法贴近脖颈，需增加后起翘来保证连体企领的领高尺寸（图 4-3-4）。

（2）领下围线与后中心线呈直角。

（3）儿童脖颈粗短，因此领座不宜太高，一般在 3cm 以内。

（4）领面宽与领座高差为 1cm，企领翻折时，面料厚度大约占 0.5cm，剩下 0.5cm 盖住领座与衣身领口线缝合在一起的结构线。当然，创新性衣领会打破这一规则，可以形成领面宽窄于领座高的特殊连体企领造型。

（5）当领面宽和领座高差不变，起翘量加大时，领子偏离脖颈一定尺寸，且领面和领座之间空隙较大。

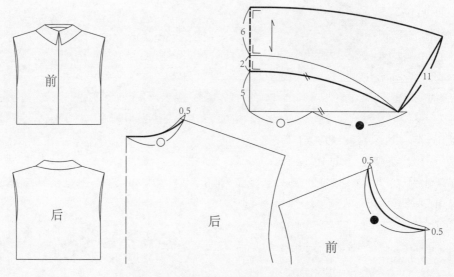

图 4-3-3 领面宽与领座差较大的连体企领

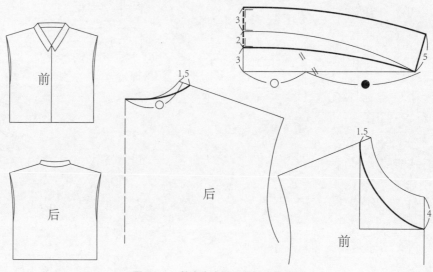

图 4-3-4 较大衣身领口线的连体企领

7. 创新性连体企领

（图 4-3-5 ~ 图 4-3-11）

　　创新性连体企领的结构制版原理与立领的结构制版原理相同，都是在传统连体企领的基础上进行创新性结构设计，主要包括前后中心线的位置、造型、长短变化和领面外围线的造型变化。

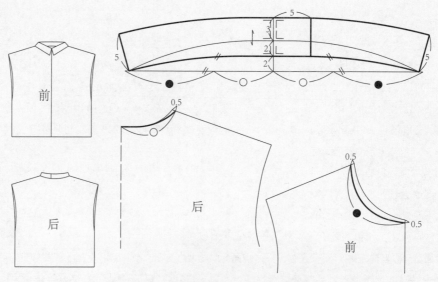

图 4-3-5 连体企领后中心线的位置变化

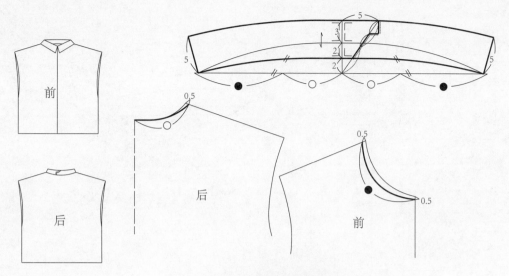

图 4-3-6 连体企领后中线的造型变化

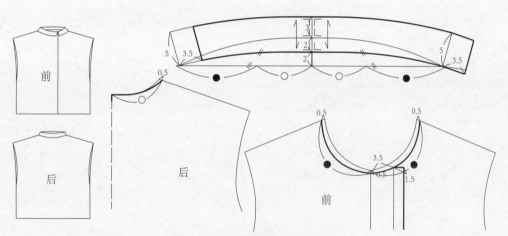

图 4-3-7 连体企领前开门的位置变化

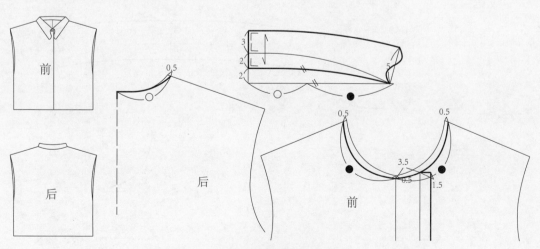

图 4-3-8 连体企领前开门造型变化

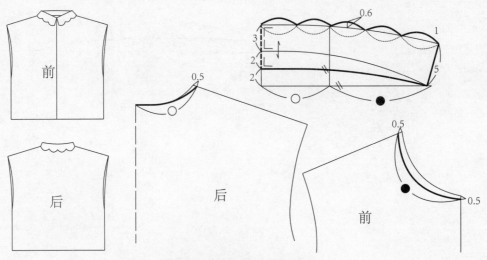

图 4-3-9 连体企领外围线造型变化 1

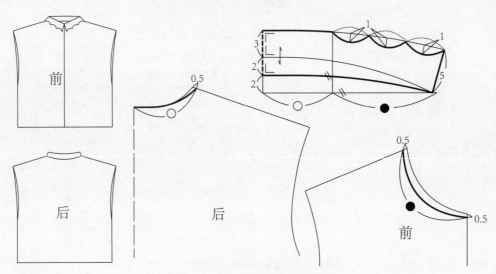

图 4-3-10 连体企领外围线造型变化 2

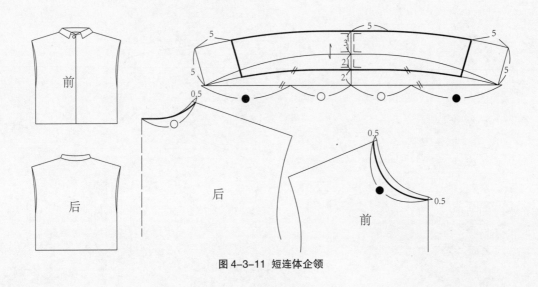

图 4-3-11 短连体企领

二、分体企领（衬衣领）

1. 与分体企领衔接的领围线

分体企领的领面与领座之间有一条分割线，领面和领座的独立性，决定了领面一般不受领座的限制，领座具有立领的结构特点，因此，分体企领与脖颈的结构特征较为紧密，多数情况下领面也会迎合领座的紧凑程度确定后领中心线的起翘程度，但分体企领的领座在休闲装中使用时，领座也随领围线的变大而趋于放松，领面也不再紧跟领面前起翘的尺寸而增加后中心线的起翘量，风衣领就是典型的分体企领的宽松结构设计，此领型较为成熟，多用在少年装中。

2. 结构特点

分体企领是锐角立领和钝角立领的结合体。在分体企领的结构设计中，钝角立领被称为领座，锐角立领被称为领面。结构设计重点有领座的高度与领面的宽度、领座前中心线的起翘度、领面后中心线的起翘度、领座上围线与领面下围线的长度以及领面上围线的造型变化等。分体企领的领座中的后领座高于前领座。

3. 结构名称（图 4-3-12）

（1）领座下围线辅助线。辅助制作领座下围线。

（2）领座下围线。与衣身的领口线等长。

（3）领座高。独立于衣身之上。

（4）领面前中心线起翘量。起翘量决定了领面与领座之间的宽松度。

（5）后领面宽。覆盖在后领座之上领的一部分。

（6）领面下围线。与领座上围线相衔接，与领座除去叠门宽的长度相等。

（7）领角宽。位于前中心线，造型多样，是结构设计的重点。

（8）领面上围线。领面宽至领角宽的曲线连接，结构设计形式多样，是领型变化的主要部位。

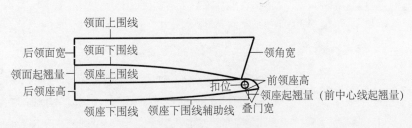

图 4-3-12 分体企领结构名称

4. 制图规格（表 4-3-2）

表 4-3-2 分体企领制图规格　　　　　（单位：cm）

号型	部位名称	后领座高	前领座高	后领面宽	前领面宽
100/56A	净体尺寸	2	1.2	3	5
	成衣尺寸	2	1.2	3	5

5. 结构制版（图 4-3-13）

（1）领下围线辅助线。作长为后领弧线长 /2+ 前领弧线长 /2 的线段。

（2）领座起翘。以领下围线辅助线的结束点为基点作垂直线，起翘 0.5 ~ 1.5cm，起翘规律与立领的起翘规律相同，应根据设计或衣身领围线的大小决定起翘的尺寸大小。

（3）领座下围弧线。曲线连接后中心点至起翘点，同时在其延长线上取叠门的宽度 1.2 ～ 1.5cm（单叠门）。

（4）领座高。在后领辅助线起点起翘 2cm（领座不宜太高，以舒适性为主）。

（5）前领座高。以领座下领围线与前中心点的交点为基点作领座下围线的垂直线，取 1.2 ～ 1.5cm（推荐数据）。

（6）领面起翘。以后领座高为基点取 2cm（推荐数据），起翘量与领座高和领面宽的差量有关，也与领座和领面之间的空隙有关，一般情况下，领面起翘的量不要超过领面的宽度。

（7）后领面宽。以后领面起翘为基点上升 3cm（推荐数据）为后领面的宽度，领面宽度与领座高的差越大，领面后中心线起翘越大，反之则越小。

（8）领面下围线。曲线连接领面起翘点，领面下围线与后中心线呈直角，领面下围线与领座上围线相等。

（9）领角宽。作领面下围线的垂直线（根据设计的要求也可选择不同角度），长度为 5cm（推荐数据）。

（10）领面上围线。曲线连接后领面宽至领角宽，一般情况下，领面上围线与后中心线呈直角。

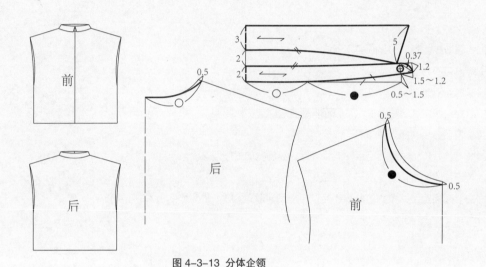

图 4-3-13 分体企领

6. 注意事项

（1）分体企领从结构制版上看，实际上是钝角立领和锐角立领的结合，钝角立领是领座部分，锐角立领是领面部分，领座的上围线与领面的下围线缝合，将领座与领面连接成一个整体，形成领座与领面分明的领型，此领型在衬衣和风衣中运用较多。

（2）此领型的功能性结构设计主要为领座的前起翘和领面的后起翘，领座的前起翘与钝角立领的结构原理相同，在此不再赘述。领面的后起翘与锐角立领略有不同，领面的后起翘不能小于领座的宽度，以免领面翻折时领座与领面之间的空隙不够而导致领面翻折困难。但领面后中心线的起翘量超过领座的宽度，领面后起翘越大，领座与领面之间的空隙越大，形成较为休闲放松的分体企领形态，风衣多用此种结构制版的领型（图 4-3-14）。

（3）儿童脖颈较短，这制约了立领高度和起翘，同时应将衣身的领围线适当加长，增长领下围线的长度，使整个立领脱离儿童颈部一定距离，增强其舒适性。其造型严谨，在小童中运用并不是非常广泛，多出现在衬衫中，也被称为衬衣领。但对于大童或青少年来讲，这种领型并不少见。

7. 创新性分体企领

分体企领创新性设计原理和方法与连体企领相同，主要有前后中心线的位置、造型变化及领面外围线的造型变化。连体企领和分体企领虽然都由领面和领座两部分组成，但是分体企领的领面与领座是分开的，这为分体企领的领面结构设计提供了更大的空间。值得一提的是，领座因为被领面覆盖，失去了创新性设计的价值，其设计点主要在能被关注到的领座前开口处以及长短上，其结构设计制版与立领的结构设计原理和方法相同。

（1）后中心线的位置与造型变化（图 4-3-15）。

（2）前中心线的位置与造型变化（图 4-3-16）。

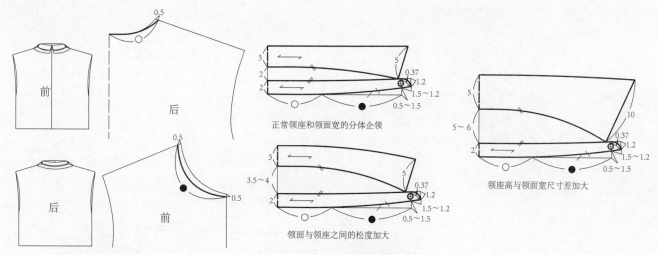

正常领座和领面宽的分体企领

领面与领座之间的松度加大

领座高与领面宽尺寸差加大

图 4-3-14 分体企领领面起翘原理

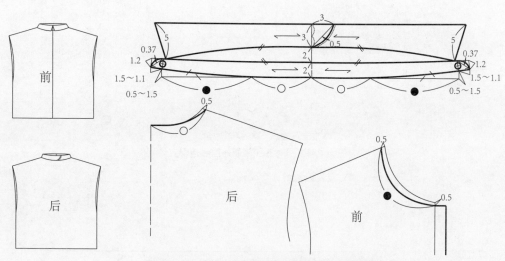

图 4-3-15 分体企领领面后中心线位置、造型变化

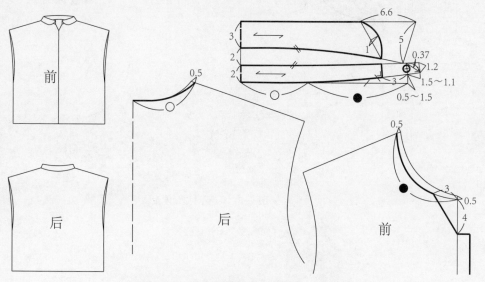

图 4-3-16 分体企领前中心线的位置、造型变化

（3）分体企领领面外围线的造型变化（图4-3-17）。

（4）不对称分体企领（图4-3-18）。

（5）褶在分体企领中的运用（图4-3-19～图4-3-21）。

褶在分体企领中的运用一般情况下多用在领面上，领面通过不同方位的纸样剪切打开，形成不同形式的余量，然后再通过工艺将这些余量褶缝合，完成褶在分体企领中的运用。

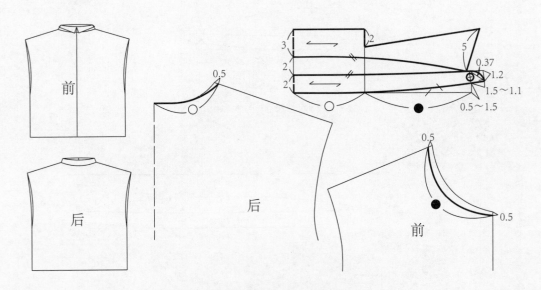

图 4-3-17 分体企领领面外围线造型变化

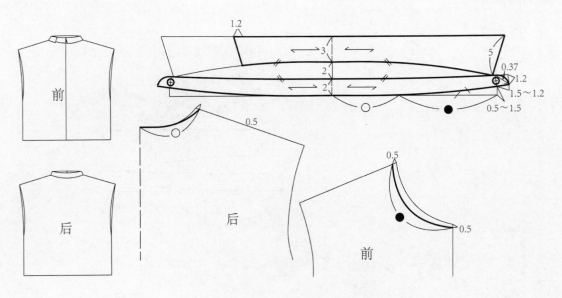

图 4-3-18 不对称分体企领

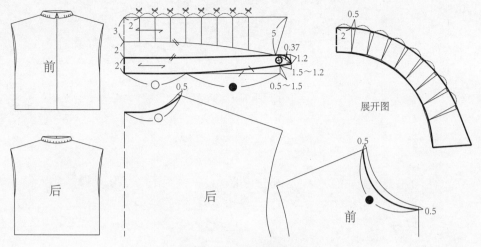

图 4-3-19 分体企领领面活褶

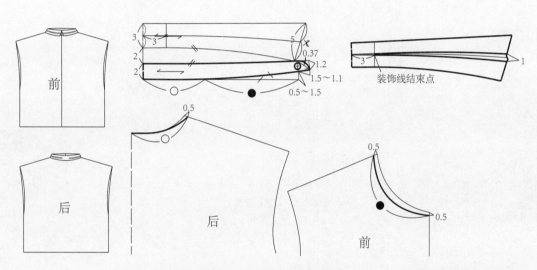

图 4-3-20 分体企领领面横向结构线

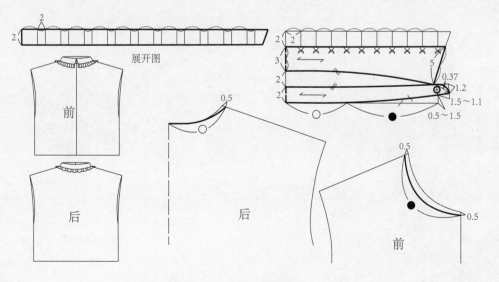

图 4-3-21 分体企领规则褶裥

第四节 扁领

扁领，又称水兵领，领座较低，领面平铺，因符合儿童短颈的特点而运用广泛，是小童四季常用领型之一。

一、与扁领衔接的领围线

由于扁领是平铺在衣身上的领型，领座较低，领面宽展，比较符合儿童细短的脖颈，是童装常用领型，衣身领围线中规中矩，一般后中心线下降 0.5 ~ 1cm，左右颈侧点偏离 0.5 ~ 1cm，前中心线可根据设计要求进行设定。

1. 结构特点

扁领是领座通过服装肩线的交叠产生领型外围线与缝合衣身围线差，从而迫使领座抬起的领型，领座高一般在 0.5 ~ 1.5cm，主要由前后肩线交叠量决定，领面宽展平铺于衣身上。

2. 结构名称（图 4-4-1）

（1）领下围线。与衣身领围线相拼合的线。

（2）领上围线。也叫扁领的外围线，是扁领结构设计的重点部位。

（3）后中心线。扁领的后中心线一般为纸样的对折线。

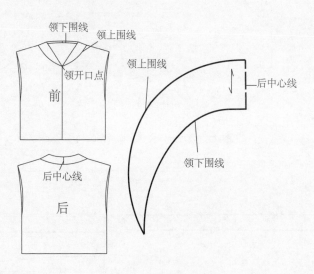

图 4-4-1 扁领结构名称

3. 制图规格（表 4-4-1）

表 4-4-1 扁领制图规格 （单位：cm）

号型	部位名称	后领高（领座）	领面宽
100/56A	净体尺寸	1.5	4.5
	成衣尺寸	1.5	4.5

4. 结构制版（图 4-4-2）

　　（1）领座高度。与前后衣身肩线交叠量有关，交叠量越大，领座高度越大，反之，则越小。

　　（2）后领面宽。在衣身领围的后中心点上向下取领宽 6cm（推荐数据），由于前后肩线交叠 3cm，后中领座高度在 1 ~ 1.5cm，因此后领面宽为 6-（1 ~ 1.5）=4.5 ~ 5cm；在前肩线上取 6cm。

　　（3）前领深。以前中心线为基点下降 5cm（推荐数据，应根据具体的结构要求来设定）。

　　（4）叠门宽。以前领窝点为基点，垂直于前中心线 1.5 ~ 2cm 为叠门宽度。

　　（5）领下围线。以前后肩线交叠后的前后衣身领围线的造型为依据与前叠门宽曲线连接。

　　（6）领上围线。以衣身后中心线上的领宽和肩线上所取的尺寸为基点，曲线连接至前中心线。

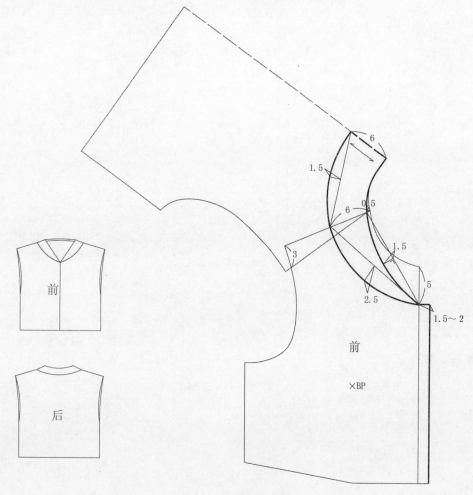

图 4-4-2 扁领结构制版

5. 注意事项

　　扁领的领座较低，极易使领下围线暴露在外，因此制版过程中要掌握影响领座高度的几点因素（图 4-4-3）：

　　（1）前后肩线交叠量的大小。前后肩线交叠量的作用是缩短扁领外围线的长度，缩短的扁领外围线在向下翻折时受长度缩短的影响，强迫领面立起形成一定数据的领座高度。一般情况下，前后肩线交叠得越多，扁领的领座越高，相反，则越低。

　　（2）领面宽窄的设定。领面的宽窄在一定程度上也同样决定了扁领的领座高度。特别值得注意的是，前后肩线交叠部位的领面宽度对领座高度影响最大，此处较窄的领面，实际上是减小了前后肩线的交叠量，扁领领座高度降低。

　　（3）领口大小的确定。领口大小也在一定程度上对扁领的领座高度起到一定的制约作用，较大的领口使衣身领口线与扁领下围线的公共线加长，从而降低了扁领领座高度，如果运用不当，极易暴露衣身与扁领下围线的结合线。因此，扁领结构制版多选用较宽的领面造型。

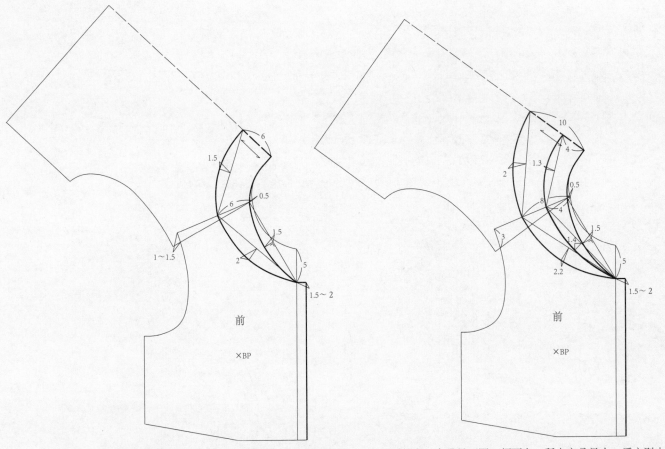

前后肩线交叠量小，扁领外围线加长，领座起翘低　　不同领宽，交叠量不同，领面宽，所占交叠量大，反之则小

图 4-4-3　影响领座高度的几点因素

二、创新性扁领

　　一般情况下的扁领下围线与衣身的领围线等长，但随着创新性童装的普及，有目的地将扁领加长或缩短会产生意想不到的童装领型细节上的设计，给人以耳目一新的感觉。扁领外围线的造型变化也是扁领结构设计的一大亮点。

1. 长扁领（图 4-4-4）

　　加长扁领，使扁领一部分脱离衣身领围线的长度，长出来的扁领部分可进行系扎，形成典型的水兵领。

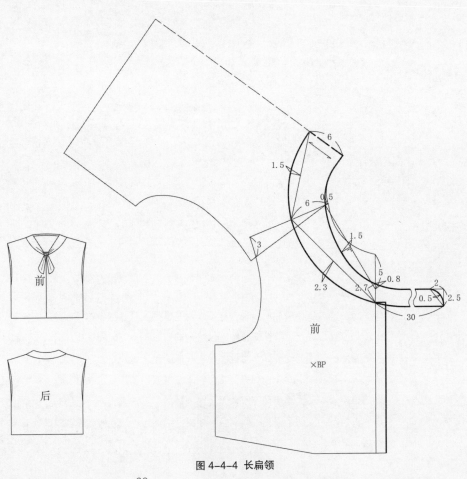

图 4-4-4　长扁领

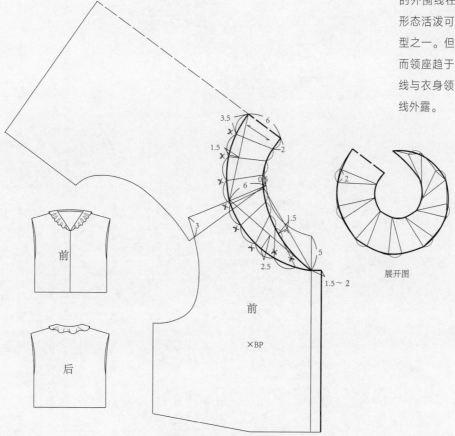

2. 短扁领（图4-4-5）

缩短扁领长度，形成平铺于肩部的短扁领，但缩短时应注意扁领的长度不能超过肩线，超过肩线时，前后肩线交叠的意义丧失，将形成无领座的扁领。

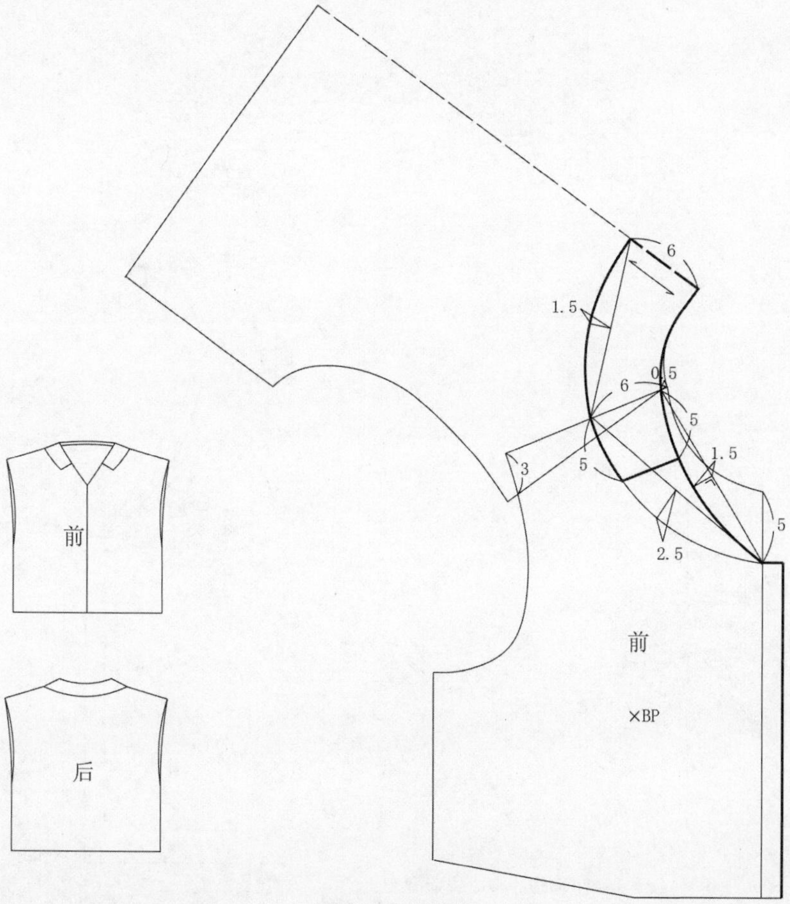

6
1.5
6 0.5
3 5
5 1.5
2.5 5

前

×BP

3. 扁领外围线的长度变化（图4-4-6）

扁领外围线（上围线）的变化一般情况下和扁领的下围线长度相辅相成，但有时上围线或长或短的形态，在扁领的造型中也别有韵味。当扁领的上围线加长的时候，扁领的下围线长度没有发生变化，因此迫使较长的外围线在下围线的作用下呈波浪状造型，形态活泼可爱，是幼童和大童服装常见的造型之一。但此时的扁领也因为上围线的加长而领座趋于无，制作时一定要考虑扁领下围线与衣身领围线的衔接问题，尽量避免拼接线外露。

前

后

图4-4-5 短扁领

3.5 6
1.5 2
6 0.5
3 1.5
2.5 5
1.5～2

前

×BP

展开图
2

前

后

图4-4-6 扁领外围线长度变化

4. 扁领后中心线造型变化

（图 4-4-7）

领子后中心线断开后，肩线交叠的量对领子的外围线影响变小，形成无领座扁领。

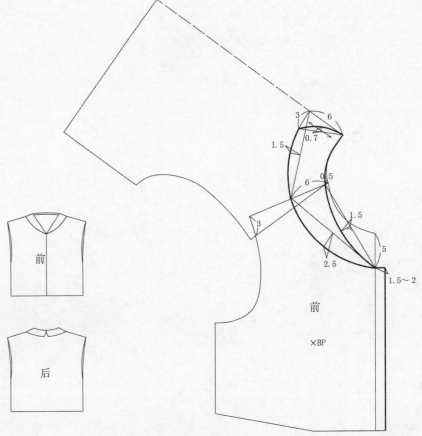

图 4-4-7 扁领后中心线造型变化

5. 扁领上围线造型变化

（图 4-4-8、图 4-4-9）

扁领上围线（外围线）的造型与其他领型的造型变化相同，或直或曲，或对称或不对称等。

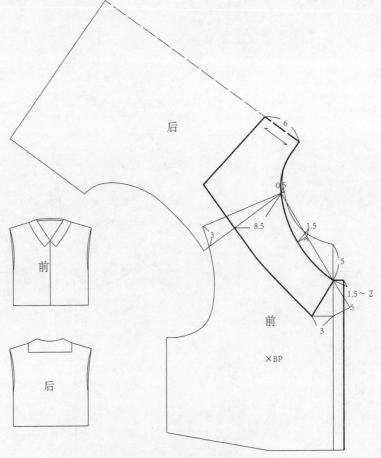

图 4-4-8 扁领外围线造型变化 1

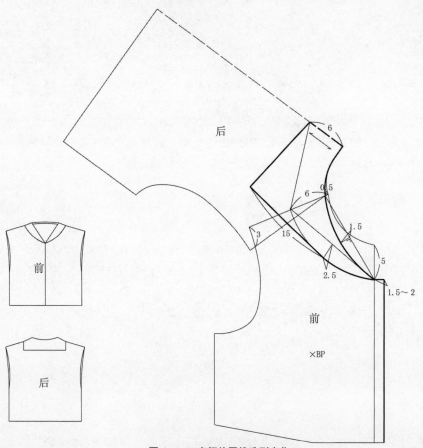

图 4-4-9 扁领外围线造型变化 2

6. 褶在扁领中的运用（图 4-4-10）

褶在扁领中的运用手法主要体现在褶量形成的造型、收褶的工艺手法、褶量存在的位置等。

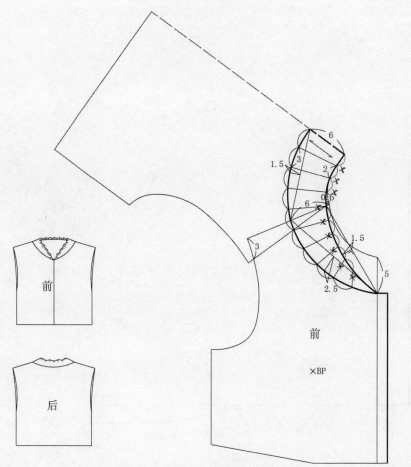

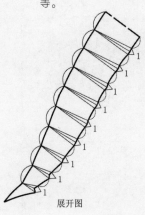

展开图

图 4-4-10 褶在扁领中的运用

第五节 翻驳领

翻驳领按其外观形态和结构造型又分为八字领、青果领和戗驳领三种形式。八字领在翻驳领中最为常见，形态也较青果领和戗驳领更加随意和休闲，是青少年服装中常用领型；青果领因造型似丝瓜，又被称为丝瓜领，因为没有领嘴而略显呆板，在童装中运用较少；戗驳领的领嘴独特，主要用于青少年礼服类服装。

一、与翻驳领衔接的领围线

翻驳领较为正式拘谨，通常情况下在儿童装中的运用并不多见，多用于少年礼服装或校服中。随着时尚的普及，多元化童装设计已是大势所趋，翻驳领在儿童装中成为常态，但是儿童脖颈细短的特点，决定了翻驳领领围线较放松，一般在颈侧点处向外出0.5 ~ 1cm，前中心线下降的尺寸则根据设计需求确定。

当然领围线与领型的关系是相辅相成的，科学合理的领围线不仅可以提升装领的舒适性，而且增加其美观程度，两者相互协作，在结构上同步进行，才能成就领型的创新性结构设计。

二、八字领

1. 结构特点

翻驳领是一种较为呆板严谨的领型，其中领座、串口线、驳领造型相对于儿童来讲过于庄重，且这种领型多与西装类塑身的造型相结合，对儿童活泼好动的特性有一定的束缚，因此，此种领型在小童和大童服装的结构设计中运用较少，主要用于特定场合下的礼服类童装中，但对趋于成熟的青少年来讲，这种领型也较常见，运用时多选择结构较为舒适的休闲翻驳领的造型。

2. 结构名称（图 4-5-1）

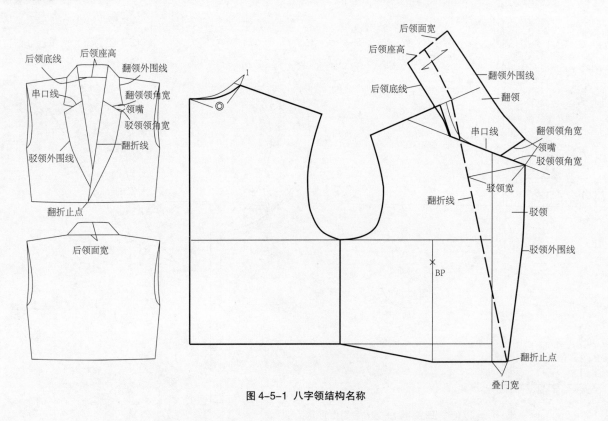

图 4-5-1 八字领结构名称

（1）翻领。围绕颈部的主要领型，与驳领拼接在一起。

（2）后领座高。由领座下围线和翻折线围合组成，八字领的领座高度主要是指后中心线的领座高度。

（3）翻领领面宽。由肩领外围线和翻折线围合而成，八字领的翻领领面宽度主要是指后中心线的领面宽度。

（4）翻领下围线。与衣身的领围线缝合的部分。

（5）翻领外围线。翻领领面外围线。

（6）领嘴。翻领与驳领形成的夹角。

（7）翻领领角宽。与驳领拼接的距离。

（8）驳领。衣身的一部分，翻折后的领型。

（9）驳领外围线。驳领的重要组成部分。

（10）驳领领角宽。与翻领拼接的距离

（11）串口线。翻领与驳领公共线部分。

（12）翻折止点。八字领开口的结束点，因结构设计不同，翻折止点的位置也不同。

（13）翻折线。又称驳口线，是领面与领座的分界线，也是驳领的敞开线。

（14）叠门宽。为前中心线左右交叠部分。

（15）驳领宽。也叫驳头宽，可根据结构设计要求确定驳领宽度。

3. 制图规格（表4-5-1）

表4-5-1 八字领制图规格 （单位：cm）

号型	部位名称	后领高（领座）	领面宽
100/56A	净体尺寸	3	4
	成衣尺寸	3	4

4. 结构制版（图4-5-2）

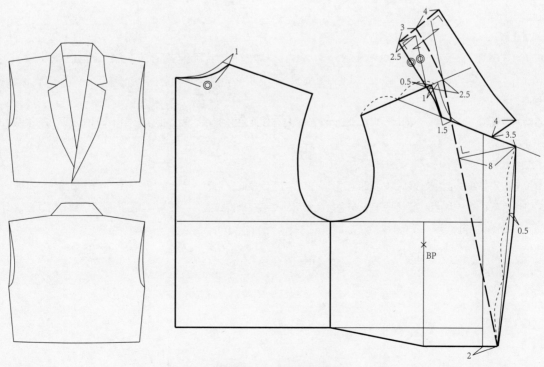

图 4-5-2 八字领结构制版

93

（1）叠门宽。以前中心线为基线向外取 1.5 ~ 2.5cm（单叠门，推荐数据，）平行于前中心线。

（2）翻折止点。腰围线（推荐位置）。

（3）翻折线辅助线。颈侧点向肩点进 1cm，再进 0.5cm，以此点为基点在肩线延长线上取 2.5cm 作为颈侧点领座宽，直线连接翻折止点。

（4）倒伏。

　　① 在肩线 0.5cm 处作翻折线辅助线的平行线，长度为后领口长。

　　② 在肩线 0.5cm 处作倾斜角 14°（以后领座高和领面宽 4 算出），或倾倒 2.5cm，画后翻领底线，长度为后领口长。

（5）领座与领面。作后领底线垂直线，长度为底领宽（领座高）+ 领面宽 =3+4=7cm。

（6）翻折线。以后领座高为基点，曲线连接颈侧点。

（7）驳领。

　　① 以 1/2 前肩线长为基点，直线连接前颈窝点，引出辅助线。

　　② 在翻折线上作 8cm 垂直线为驳领宽，与肩线中点引出的线段相交，确定串口线。

　　③ 驳领外围线。驳领宽点直线连接翻折止点，并取此线段的 1/3，向外作垂直线 0.2 ~ 0.5cm，胖势画顺驳领外围线（上升的尺寸与斜线的倾斜角度有关，倾斜角度越大，垂直上升的尺寸越大）。

（8）驳领领角宽。在串口线上向里进 3.5cm（推荐数据）。

（9）领嘴。以驳领领角宽为基点作领嘴角度 60°（推荐角度），引出线段。

（10）翻领领角宽。在领嘴线段上取 4cm。

（11）翻领外围线。曲线连接后领面宽与翻领领角宽。

5. 注意事项

翻驳领的倒伏量。翻驳领的倒伏量主要和领座与领面差、翻折止点、领嘴、串口线长度有关（图 4-5-3）。

（1）领座与领面差。

通常情况下领座小于领面 1cm，若领座尺寸小于领面超过 1cm，应增加倒伏量，由于领面加宽，领面的外围线加长，若没有增加倒伏量，领座会被迫抬高，将与设定的领座高度不符，增加倒伏量的翻驳领，领座和领面之间的空隙加大，翻驳领趋于随意活泼。一般情况下，领面长与领座高的差为 1cm 时，领座的倒伏量在 2 ~ 2.5cm，但当领面长度与领座高度之间的差超过 1cm 时，每超过 1cm，倒伏量增加 1cm，如当领面长为 4cm 和领座高度为 2cm 时，八字领的倒伏量为 2.5+1=3.5cm。

（2）翻折止点。

当翻折止点在腰围线，领座与领面差为 1cm 时，倒伏量为 2 ~ 2.5cm。若领座与领面差不变，翻折止点每上升 1 个扣位（8 ~ 10cm），倒伏量增加 1cm，如翻折止点上升 1 个扣位，倒伏量 =2.5+1=3.5cm。

（3）领嘴。

没有领嘴的翻驳领，如青果领，倒伏量增加 0.5cm。在领座与领面差为 1cm、翻折止点在腰围线的情况下，青果领倒伏量 =2.5+0.5=3cm。

（4）串口线长度。

通常情况下，串口线长度大于驳领领角宽和翻领领角宽，与后领领面宽相等，但是创新性设计下的串口线，将打破这一界限，当串口线短至 0 时，也就是说驳领领角宽与翻领领角宽的交点在翻折线上时，翻领与驳领形成两个独立的领型，倒伏量降低 0.5cm，此领型的倒伏量 =2.5-0.5=2cm。

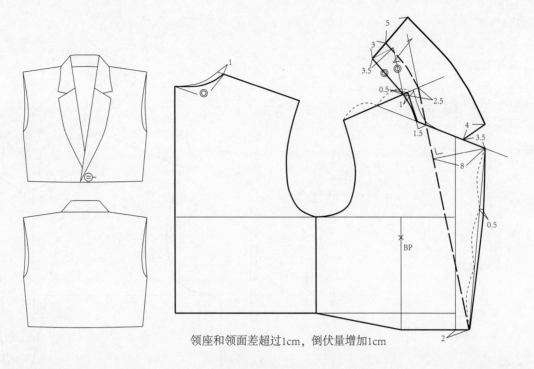

领座和领面差超过1cm，倒伏量增加1cm

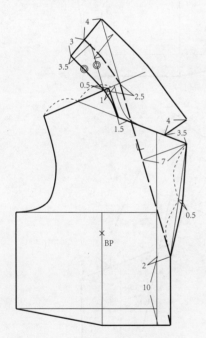

上升一个扣位（8~10cm），倒伏量增加1cm

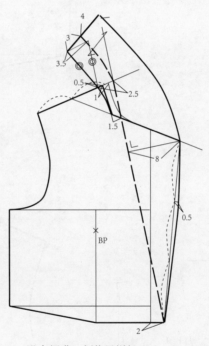

没有领嘴，倒伏量增加0.5cm

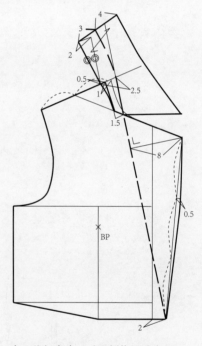

串口线长度为0时，倒伏量减小0.5cm

图 4-5-3 翻驳领倒伏量

6. 创新性翻驳领

（1）翻领领角宽、驳领领角宽。

翻领又称为肩领，通常情况下的翻领领角宽大于驳领领角宽0.5cm，但是创新性的翻领领角宽可以大于驳领领角宽，也可小于驳领领角宽（图4-5-4）。

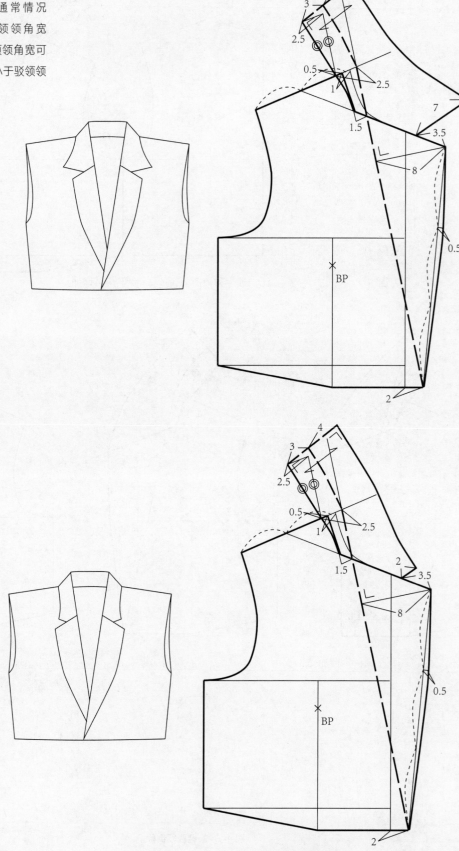

图4-5-4 翻领领角宽和驳领领角宽设计

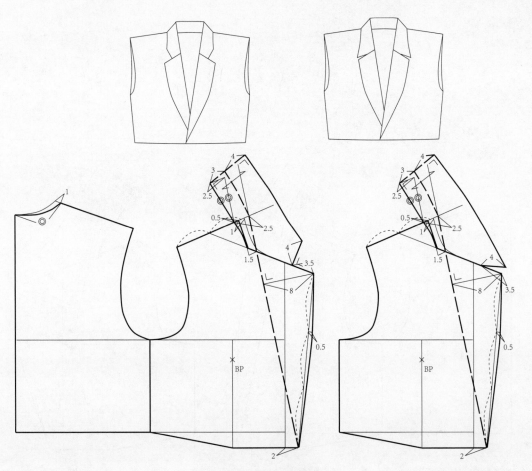

（2）领嘴。

① 领嘴角度。

构成领嘴角度的驳领领宽与翻领领宽的交角不是一成不变的，或直角、或锐角；领嘴的造型也可根据设计的要求进行变化，是创新性领型的主要设计点（图4-5-5）。

图 4-5-5 领嘴角度变化

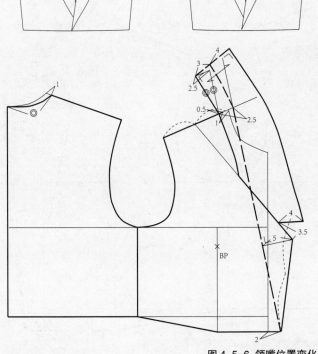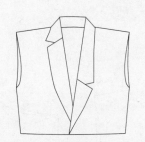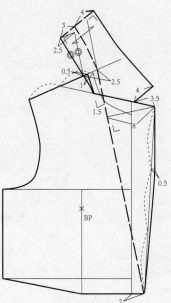

② 领嘴位置。

领嘴位置多在颈窝点附近，创新性领嘴位置可上可下，也可不对称（图4-5-6）。

图 4-5-6 领嘴位置变化

（3）驳领宽（图4-5-7）。

驳领宽度主要指的是翻折线至驳领领角宽的距离。传统驳领宽度在 6～9cm，创新性设计则根据款式设计要求设定。驳领宽变窄时，驳领领角宽相应地减小，翻领驳领宽可适当增加，满足串口线长度和翻领外围线的流畅造型要求。

（4）领座和领面宽度变化（图4-5-8）。

通常情况下领面比领座宽1cm，翻折时，翻折厚度约消耗0.5cm，领面盖住领座与衣身领口缝合线0.5cm。创新性领型结构设计，也可形成领面窄于领座的宽度。

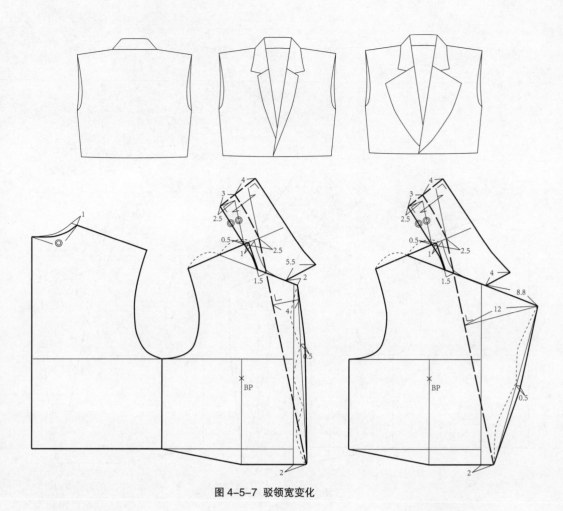

图 4-5-7 驳领宽变化

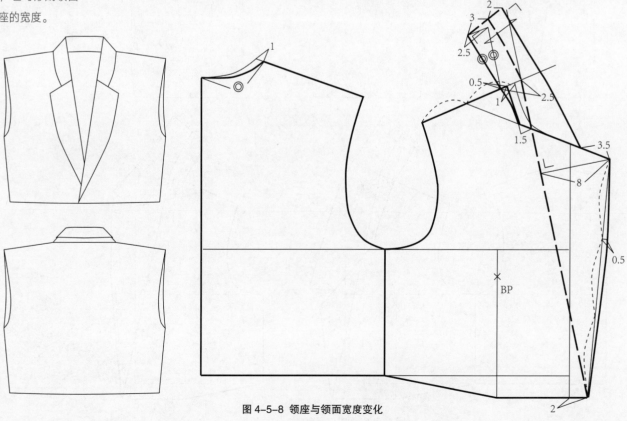

图 4-5-8 领座与领面宽度变化

（5）翻领外围线造型变化（图4-5-9）。

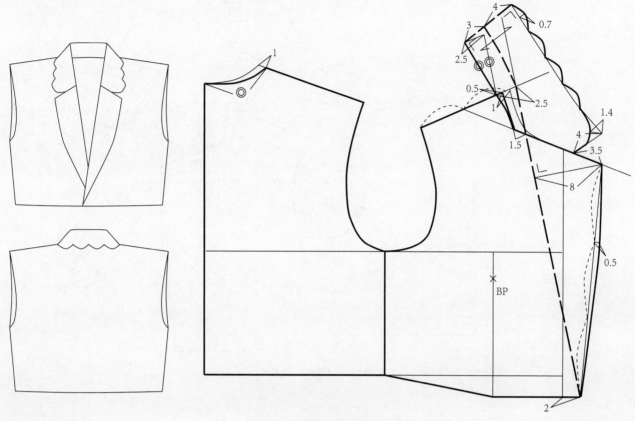

图4-5-9 翻领外围线造型变化

（6）驳领的外围线变化（图4-5-10）。

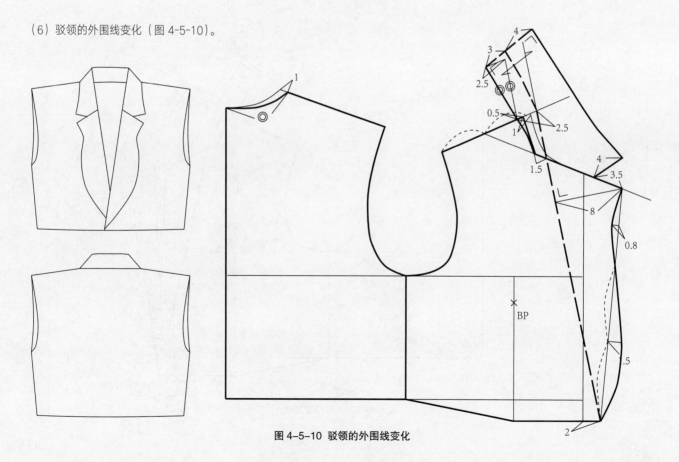

图4-5-10 驳领的外围线变化

（7）褶裥在翻驳领中的运用（图 4-5-11、图 4-5-12）。

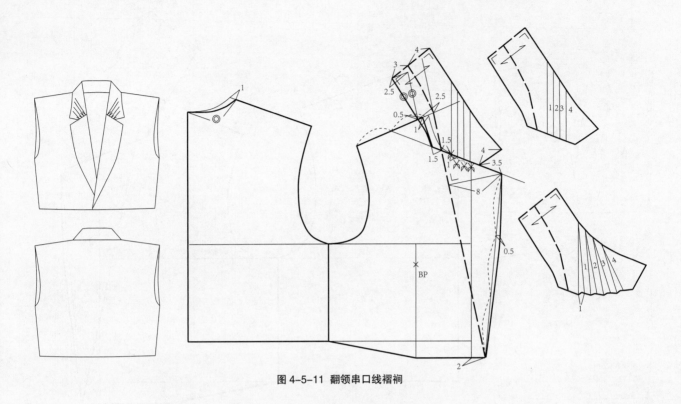

图 4-5-11　翻领串口线褶裥

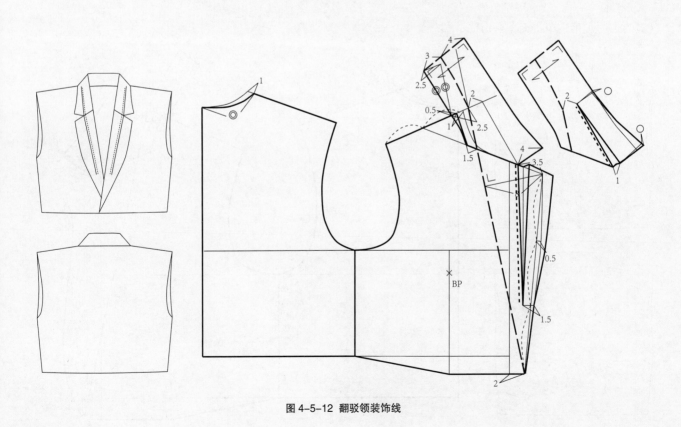

图 4-5-12　翻驳领装饰线

三、青果领

青果领，又称丝瓜领，因其无领嘴，形状似青果和丝瓜而得名，此领型多用在礼服当中。其造型呆板过于严谨，因此很少用于小童的服装中，但在青少年的礼服中较为常见。从结构造型上分析，又可分为接缝青果领和无缝青果领两种形式。

（一）接缝青果领（图 4-5-13）

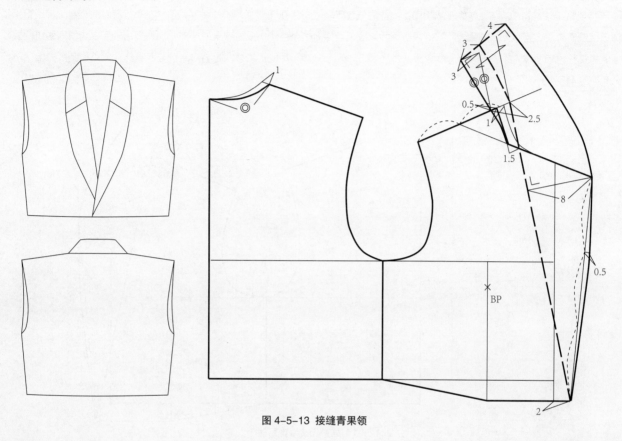

图 4-5-13 接缝青果领

1. 结构特点

接缝青果领由肩领和驳领两部分组成，制版原理和方法与八字领相同。

2. 结构名称

接缝青果领和无接缝青果领的结构名称与八字领的结构名称相同，在此不再赘述。

3. 制图规格（表 4-5-2）

表 4-5-2 青果领制图规格 （单位：cm）

号型	部位名称	后领高（领座）	领面宽
100/56A	净体尺寸	3	4
	成衣尺寸	3	4

4. 结构制版

接缝青果领结构制版与八字领结构制版相同，都是去掉翻领领角宽、驳领领角宽即两条线段形成的领嘴，曲线连接后领面宽、驳领宽至翻折止点，翻领倒伏量增加 0.5cm，弥补没有领嘴的松量。

（二）无接缝青果领（图 4-5-14）

1. 结构特点
　　无接缝青果领是指肩领与驳领之间无拼接缝，是衣身的一部分，工艺制作时此领的后中心线上有拼接线。

2. 结构制版
　　无接缝青果领结构制版与八字领基本相同，不同之处在于驳领与翻领（肩领）的关系。按照结构形态又分为连身无接缝青果领和分体无接缝青果领。连身无接缝青果领，制版时翻领与驳领连接为一个整体，成为衣身的一部分，调整后领下围线为辅助线，翻领与驳领的拼接线为辅助线，领面与领座有后中心线（图 4-5-14）；分体无接缝青果领，是将青果领与衣身分离的结构制版，倒伏量增加 0.5cm（图 4-5-15）。

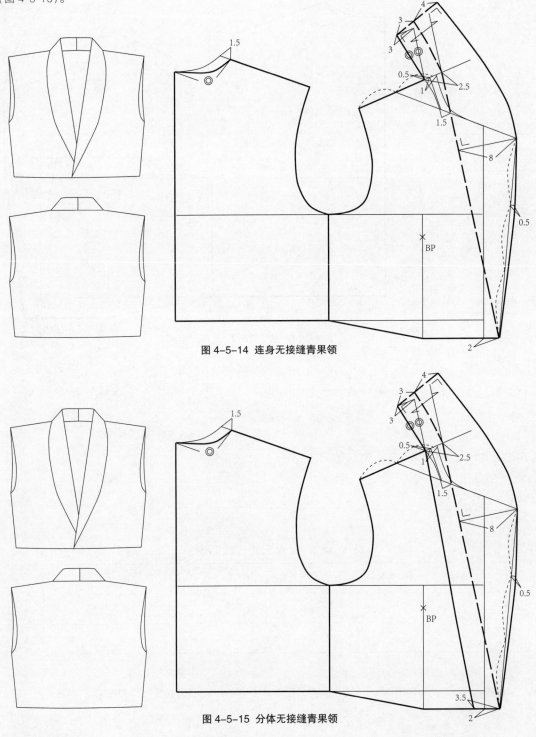

图 4-5-14 连身无接缝青果领

图 4-5-15 分体无接缝青果领

3. 注意事项

(1) 青果领的倒伏量大小。因为青果领没有领嘴的缓冲，所以青果领的倒伏量比八字领的倒伏量要增加一定尺寸，一般情况下增加 0.5cm。领面与领座差、翻折止点对倒伏量的影响与八字领相同。

(2) 肩领与驳领拼接线。一般情况下青果领的肩领和驳领有一条相衔接的拼接线，拼接线的位置和造型可根据设计的要求进行相应的变化。但由于青果领的肩领与驳领没有交角，有时肩领与驳领的这条拼接线可以不存在。当这种情况出现的时候，青果领将成为衣身的一部分，拼接线则在青果领的后中心线上。

4. 创新性青果领

(1) 青果领领面外围线的造型变化（图 4-5-16）。

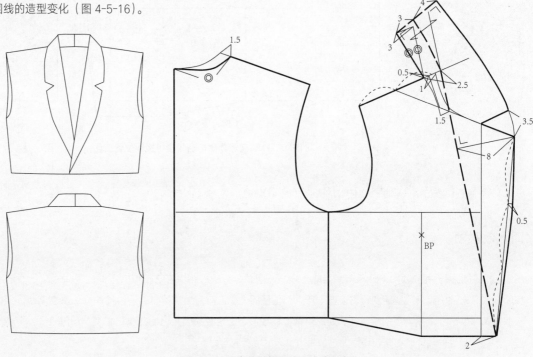

图 4-5-16　青果领领面外围线造型变化

(2) 翻领与驳领拼接线的造型变化（图 4-5-17）。

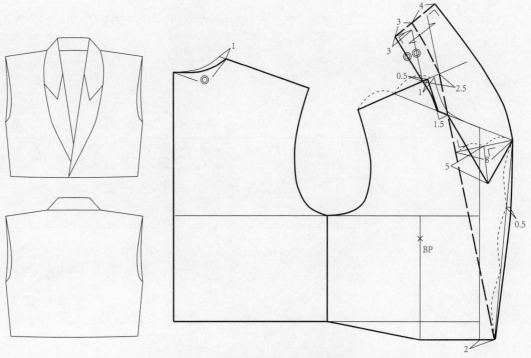

图 4-5-17　翻领与驳领拼接线造型变化

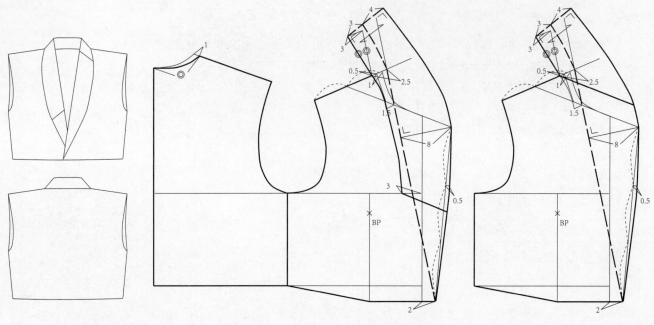

图 4-5-18 肩领领嘴与翻驳领拼接线位置变化

（3）肩领领嘴与翻驳领拼接线位置的变化（图 4-5-18）。

四、戗驳领

戗驳领也属于翻驳领的一种形式，因此，它与八字领、青果领制版方法相似，不同的是肩领与驳领衔接的造型。因为戗驳领的肩领与驳领之间没有形成鲜明的领嘴造型，所以倒伏量的大小应与青果领相同，适当增加倒伏量 0.5cm。值得注意的是，戗驳领多用于双排扣服装造型，是典型的西服领。同时，戗驳领在形态上也较呆板，因此在小童服装中运用较少，多数用于较成熟的青少年的礼服。当然创新性的戗驳领在一定程度上也备受青少年消费者的喜爱。

1. 戗驳领的结构特点

戗驳领、八字领和青果领都属于翻驳领的范畴，所以其结构特点与两种领型基本相同，不同之处在于肩领与驳领所形成的角度和驳领造型之间有区别。

2. 制图规格（表 4-5-3）

表 4-5-3 戗驳领制图规格　　　　（单位：cm）

号型	部位名称	后领高（领座）	领面宽
100/56A	净体尺寸	3	4
	成衣尺寸	3	4

3. 结构制版（图 4-5-19）

戗驳领的结构制版与八字领的结构制版基本相同，不同之处在于戗驳领一般为双叠门，驳领相较于八字领和青果领较宽。以下结构制版只对戗驳领与八字领的不同之处进行讲解。

（1）叠门宽。以前中心线为基线向外取 7cm（推荐数据），不同年龄儿童的服装，叠门的宽度不同，少年体型接近成人，一般在 6～8cm。

（2）驳领宽。垂直翻折线 9cm 与串口线辅助线相交。

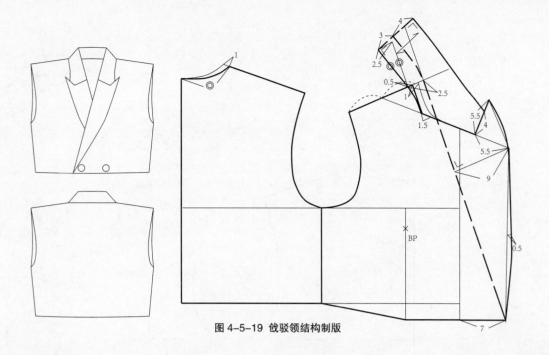

图 4-5-19 戗驳领结构制版

（3）驳领外围线。串口辅助线向上 5.5cm（推荐数据），作垂直线 5.5cm（推荐数据），确定驳领领角宽；取驳领宽与串口线相交点至翻折止点的 1/2，垂直向外 0.5cm。曲线连接驳领领角宽、驳领宽、向外 0.5cm 至翻折止点。

（4）翻领外围线。在驳领领角宽线上取 4cm（推荐数据），曲线连接至翻领领面宽，翻领外围线与后领面宽交角呈直角。

4. 注意事项

（1）驳领与串口线的交角可以是锐角。

（2）肩领与驳领形成的尖角应注意两方面的问题：

　　① 领角延伸的尖角线不宜过长，过长会导致领角的翘起，影响整个领子的造型。

　　② 领角延伸的尖角线不宜过短，过短会造成工艺上的困难。一般情况下，领角延伸的尖角长度不超过肩领的宽度为宜。

5. 创新性戗驳领

（1）驳领与串口线交角变化（图 4-5-20）。

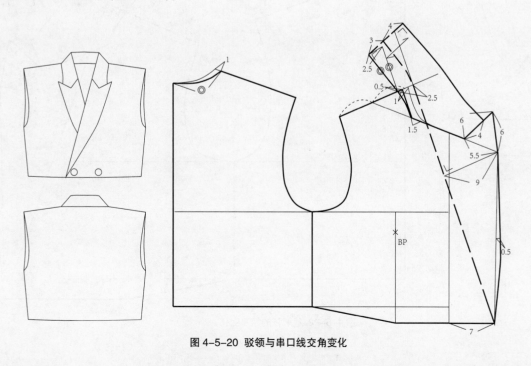

图 4-5-20 驳领与串口线交角变化

（2）驳领与翻领公共线变化（图4-5-21）。

（3）戗驳领的领嘴变化（图4-5-22）。

（4）褶裥在戗驳领中的运用（图4-5-23）。

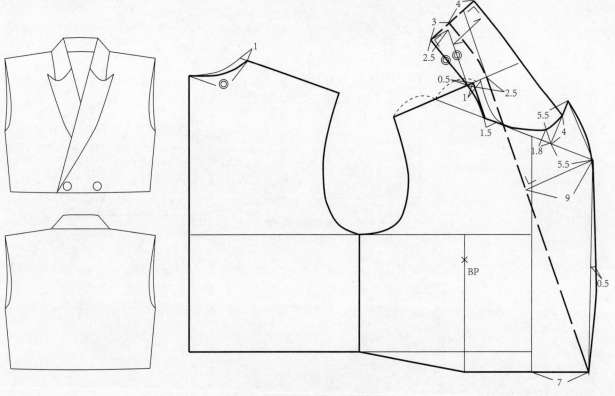

图 4-5-21 驳领与翻领公共线变化

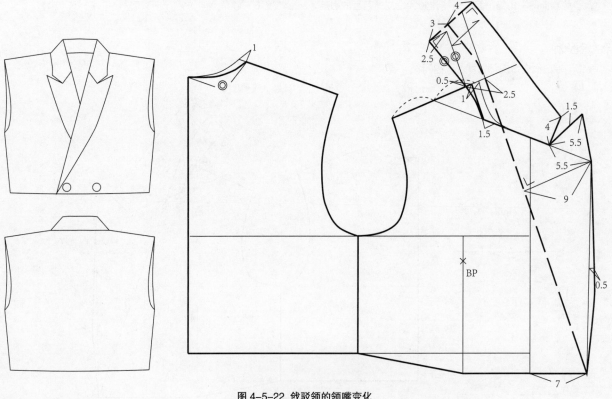

图 4-5-22 戗驳领的领嘴变化

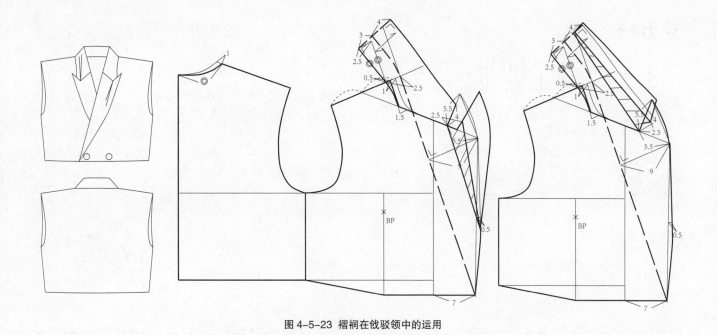

图 4-5-23 褶裥在戗驳领中的运用

【课后练习题】

（1）不同领型的结构制版练习。
（2）创新性领型的设计与制版。
（3）总结不同领型结构的制版规律与方法。
（4）对不同领型进行设计、制版和制作。

【课后思考】

（1）领型与衣身领围线的关系。
（2）不同领型结构设计规律。
（3）不同领型创新性结构设计的实操能力培养。

第五章
袖子结构制版与方法

学习内容

● 童装袖子的分类

● 不同袖型的结构特点、制版原理与方法

● 各种袖型创新性结构制版原理与方法

学习目标

● 掌握各种袖型的制版原理与方法

● 具有创新能力和举一反三的能力

　　袖子是将人体胳膊包裹起来的裁片，是服装的重要组成部分。随着社会的不断发展、人们生活水平的提高，服装在满足功能性要求的情况下，个性化要求也逐渐成为大众的关注点。作为服装的重要组成部分，袖子成为个性时尚服装的重点，同时袖子结构的科学性直接关系到人体胳膊的活动量。因此，袖子决定了动态人体着装舒适性和机能性。

第一节 袖子的种类

一、按袖子的拼接分类（图 5-1-1）

按照袖子与衣身拼接的关系，袖子主要分为装袖（一片袖、两片袖）、连身袖（中式袖）和插肩袖。

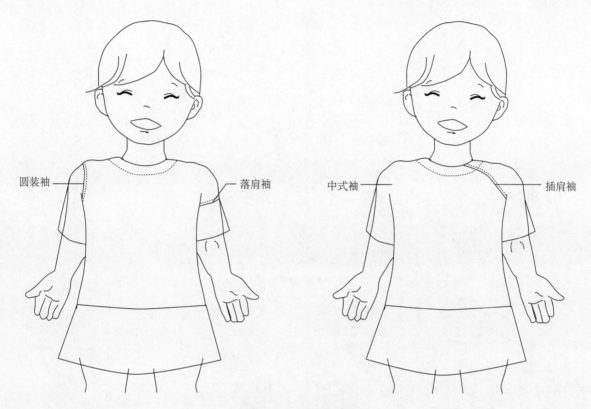

圆装袖 —— 落肩袖

中式袖 —— 插肩袖

图 5-1-1 袖子的拼接分类

1. 装袖

装袖按照其形态可分为一片袖和两片袖，是指袖片与衣身独立裁剪再缝合，形成完整袖窿弧线的袖型，又分为圆装袖和落肩袖。圆装袖是指衣身袖窿弧线与袖片袖窿弧线拼接线经过肩顶点、前后腋点和腋下点的袖子；落肩袖是指衣身袖窿弧线与袖片袖窿弧线拼接线低于肩部顶点的袖子，此袖型多用于休闲装中。

2. 连身袖

连身袖又称为中式袖和原出身袖，袖子与衣身没有拼接线，且为一个整体，是中式袖的一种形式。该袖型的结构设计与装袖相比，结构变化大，加大袖肥则成为蝙蝠袖。

3. 插肩袖

插肩袖也叫连肩袖，这种袖子与部分衣身没有拼接线，多数与衣身的肩部连接为一个整体，衣身与袖子的公共线不再只局限于肩顶点、前后腋点和腋下点，而是根据设计要求进行公共线的灵活设定，有插肩袖、肩章袖、育克袖等。

二、按袖子的长短分类（图 5-1-2）

按照袖子的长短可将袖子分为盖肩袖、短袖、五分袖、七分袖、九分袖、长袖。盖肩袖的袖长较短，袖窿弧线短于衣身袖窿弧线，一般前后袖窿弧线长在前后腋点结束，形成短而精巧的袖型，多用于夏季童装中，或作为装饰的一部分与其他袖型相结合；短袖的长度一般在大臂的 1/2 处，是童装夏季常用袖型；五分袖的袖长在肘关节附近，是夏季常用袖型；七分袖的长度在小臂 1/2 处，是童装春秋季常用袖型；九分袖的长度在腕关节上下，是童装春秋季常用袖型；长袖的袖长在掌心 1/2 处，是童装冬季常用袖型。

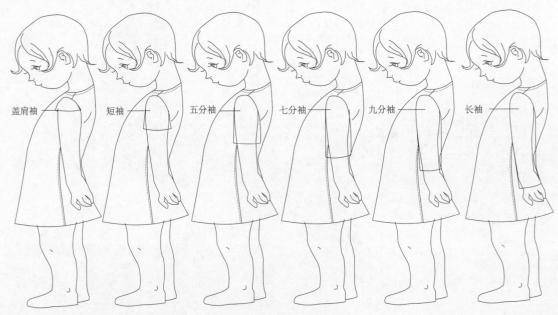

图 5-1-2 袖子的长短分类

三、按袖子片数分类（图 5-1-3）

按袖子的片数可将袖子分为一片袖、两片袖、多片袖。一片袖的整个袖型为一整片，主要由袖窿弧线、前后袖缝线、袖口线组成，袖型宽松，制版相对简单，袖身主要为直筒型，也可通过肘省、袖省和袖衩处理达到合体袖的形态，是童装常用袖型；两片袖，又称西装袖、合体袖，是由大袖和小袖组成，符合人体手臂前倾特征的袖型，此袖外形符合胳膊的曲率，修长美观，但活动量较小，多运用于趋于成年人的少年礼服装中，部分制服类校服也常用此类袖型；多片袖是创新性袖型的一种，可根据设计进行袖片多少的设定，一般情况下，除几条表现袖型造型的功能性结构线外，其他袖片线多为装饰线，多用于礼服或表演服。

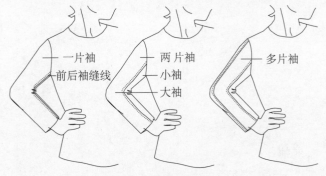

图 5-1-3 袖子的片数分类

四、按袖子的造型分类

（图 5-1-4）

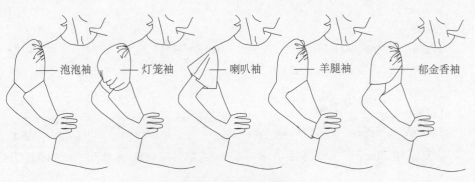

图 5-1-4 袖子的造型分类

袖子的造型分类，是根据袖型整体外观所呈现的造型命名的袖型，如泡泡袖、灯笼袖、喇叭袖、羊腿袖、郁金香袖等。

第二节 一片袖

一片袖是童装中运用较多的袖型，也是不同袖型结构制版的基础，一般的一片袖呈直筒型，与前倾的胳膊造型稍有差别，但其舒适随性的造型和简洁的结构制版深受儿童的喜爱，是童装运用中最普遍的袖型。一片袖的结构制版与袖原型结构制版相同，在本书第二章原型中的袖原型有明确的分析与制版，在此不再赘述。此章节主要讲解在一片袖原型基础上进行细节结构设计的各种袖型，这些袖型主要有前后袖缝线的位置和造型变化、袖中线的位置和造型变化、袖窿弧线的长短变化、袖口长短和造型变化等。本章节以少年袖原型为例。

一、袖窿弧线长短结构设计

袖窿弧线的长度变化是针对衣身袖窿弧线长度差来确定的。通常有以下三种情况：

1. 袖窿弧线与衣身袖窿弧线长度差 ≤ 2.5cm

一般情况下的装袖，袖窿弧线的长度略长于衣身袖窿弧线长 2.5cm 以内（与面料厚薄有关），略长的袖窿弧线与衣身袖窿弧线以吃势的形态缝合，形成袖身压衣身的饱满形态。原型袖与衣身袖窿弧线的差量即在 2.5cm 左右。

2. 袖窿弧线与衣身袖窿弧线长度相等

制版方法与原型袖基本相同，主要区别在于前后袖斜线的长度取舍上，原型袖的前袖斜线长 = 衣身袖窿弧线长 1/2+0.5 或前袖窿弧线长 +0.5，后袖斜线长 = 衣身袖窿弧线长 /2+1cm 或后袖窿弧线长 +1cm，而袖窿弧线与衣身袖窿弧线长度等长的袖窿弧线制版为前袖斜线长 = 衣身前袖窿弧线长，后袖斜线长 = 衣身后袖窿弧线长。这类袖型多用于落肩类休闲装中，是童装常用袖型。

3. 袖窿弧线与衣身袖窿弧线长度差 ≥ 3cm

当袖窿弧线与衣身袖窿弧线长的差量增加到一定程度时，就会形成褶裥，差量越大，褶裥越多，从而形成新的袖型——泡泡袖。泡泡袖一般在原型袖的基础上进行制版，将袖山剪开，增加袖窿弧线的长度，有三种方式。

（1）纸样剪切至袖山高，增加袖窿弧线长度（图 5-2-1）。

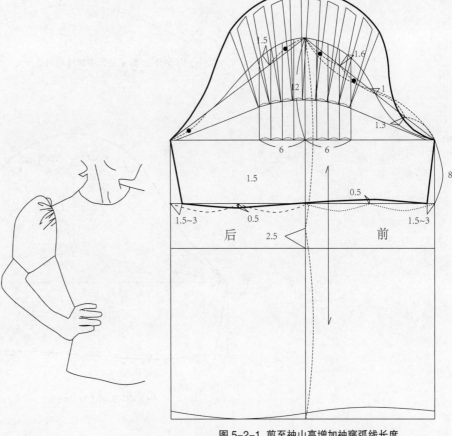

图 5-2-1 剪至袖山高增加袖窿弧线长度

（2）纸样均匀剪切至袖口，增加袖窿弧线长度（图5-2-2）。

（3）沿袖中线剪至袖宽线，向两边展开一定数值，袖山量自然抽褶，形成不规则的自由碎褶造型（图5-2-3）。这两种长袖窿弧线形成的泡泡袖，成衣形态基本相似，主要差别在于前者袖身相对较瘦，起泡部位主要在袖山高处，而后者起泡贯穿整个袖身，袖身整体稍显丰满。

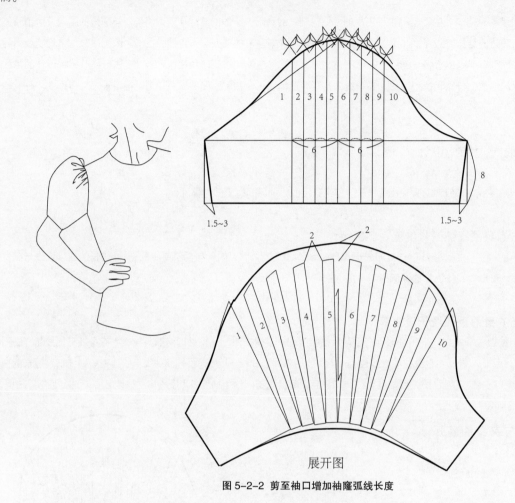

图 5-2-2 剪至袖口增加袖窿弧线长度

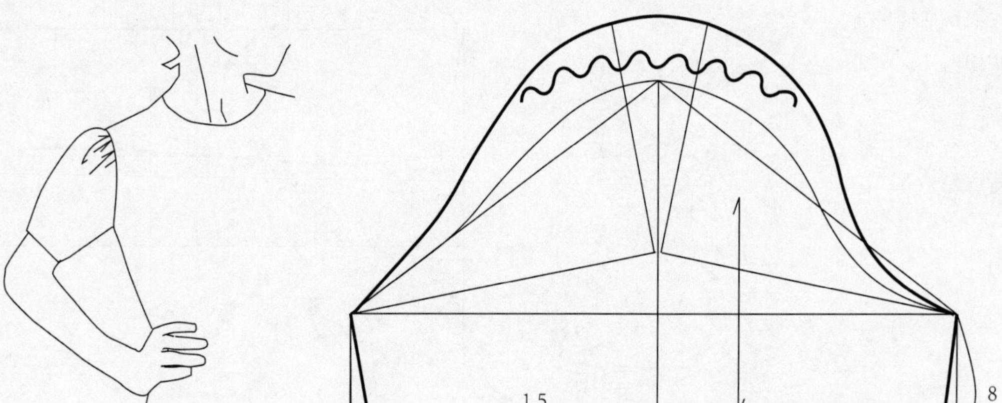

图 5-2-3 袖山自然抽褶

4. 短袖窿弧线

短袖窿弧线是指比衣身袖窿弧线短的袖窿弧线。短袖窿弧线一般有两种情况：

（1）袖窿弧线长度在前后腋点结束形成的盖肩袖（图 5-2-4、5-2-5）。

（2）袖山头缺失的露肩袖（图 5-2-6）。

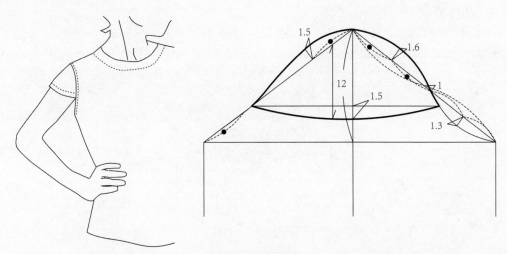

图 5-2-4 盖肩袖

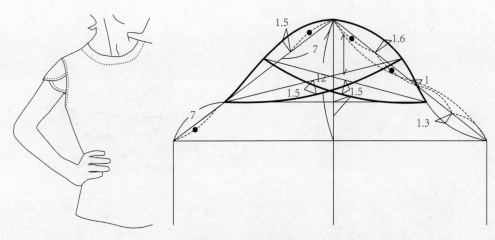

图 5-2-5 创新性盖肩袖

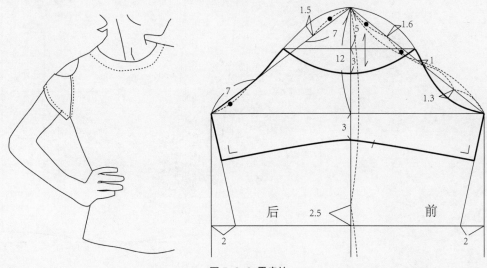

图 5-2-6 露肩袖

二、前后袖缝线结构设计

创新性前后袖缝线结构设计可进行位置上的移动、造型变化和长度变化。

1. 位置上的移动（图 5-2-7、图 5-2-8）

前后袖缝线位置改变后，隐于腋下的袖缝线将会以拼接线的形式出现在一片袖的任何一个部位。制版时，应先确定袖型，再确定移动后的袖缝线位置，然后将前后袖缝线合并转移。

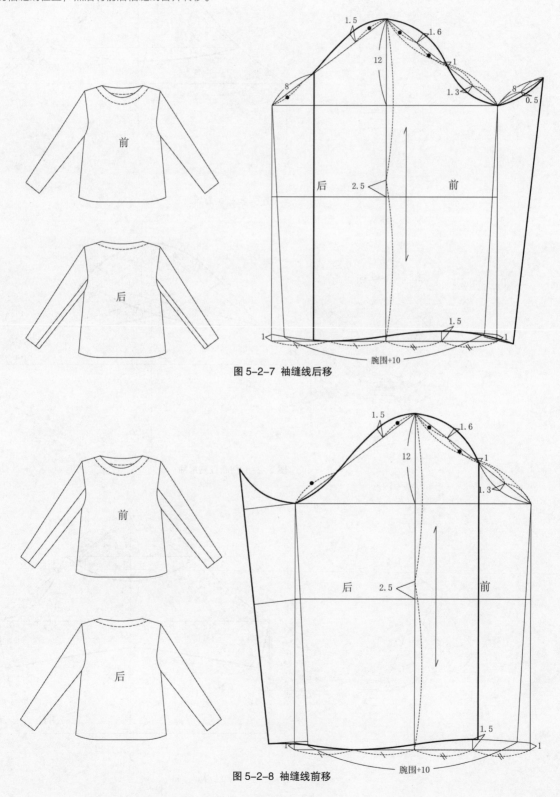

图 5-2-7 袖缝线后移

图 5-2-8 袖缝线前移

2. 袖缝线的造型变化（图 5-2-9、图 5-2-10）

　　袖缝线的造型变化在一定程度上改变了袖身的视觉效果，制版与袖缝线的位置移动相同，先确定袖型，再确定造型。

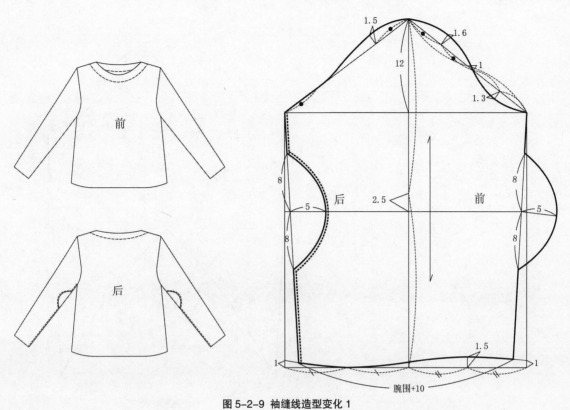

图 5-2-9 袖缝线造型变化 1

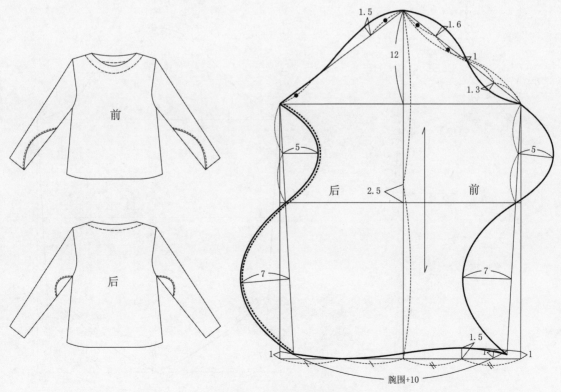

图 5-2-10 袖缝线造型变化 2

3. 袖缝线长度变化（图 5-2-11、图 5-2-12）

　　袖缝线长度变化主要是相对于袖身来讲的，当袖缝线长于袖身其他部位时，袖缝线与袖口线的交角不再是直角，呈锐角的是长袖缝线，呈钝角的是短袖缝线。

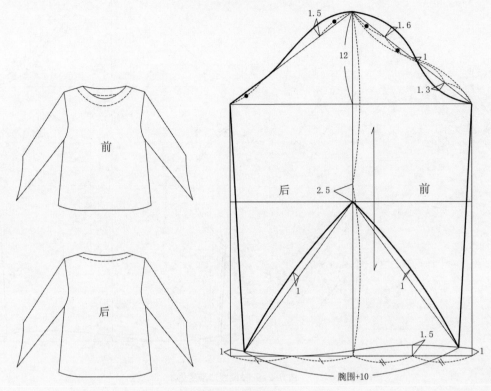

图 5-2-11 长袖缝线

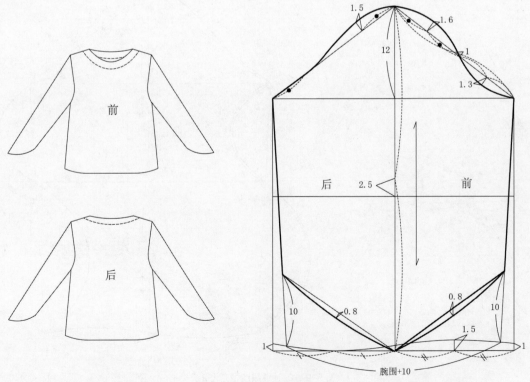

图 5-2-12 短袖缝线

三、袖口结构设计

1. 喇叭袖

喇叭袖是将袖口加大的一种袖型，也叫阔口袖。结构形式上有三种。

（1）选取袖身一部分为固定形态，一部分展开呈喇叭形，展开点是设计的重点，不同的展开点，袖型千差万别。制版时，先将不展开的袖身修正成较服帖的袖型，然后以前后袖缝线为基线，向两边展开所需尺寸，起翘与袖口线呈直角，袖口线曲线画顺，袖型呈 A 型（图 5-2-13，图 5-2-15）。

（2）袖山头无皱褶，袖口加大，呈扇形。在原型的基础上，截取袖子所需长度，将袖片等分成若干份，沿等分线将纸样剪开展开呈喇叭状，袖中线下降 2cm，曲线修正纸样（图 5-2-14）。

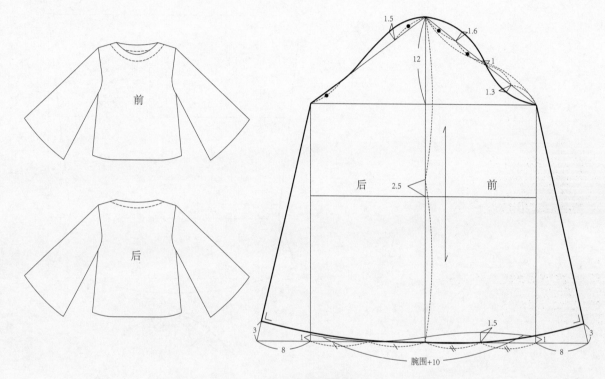

图 5-2-13 喇叭袖 1

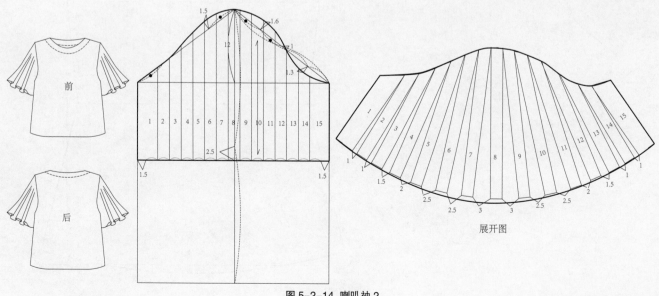

图 5-2-14 喇叭袖 2

（3）将袖身分成两部分，上部分袖身合体，下部分袖口展开，制版时将展开部分分成若干份再剪开展开，袖口呈喇叭状，但这类喇叭袖型，合体部分与打开部分之间有时有拼接线（图5-2-16）。

（4）360°喇叭袖口。在前后袖缝线向下取2cm（推荐数据），直线连接前后袖缝线，测量其长度，以此长度为周长做圆，在此圆的基础上取喇叭袖长15cm画圆。此袖制版后要垂挂一段时间让各经纬向充分放量后再进一步裁剪修正，以免形成波浪长度不等的喇叭袖型（图5-2-17）。

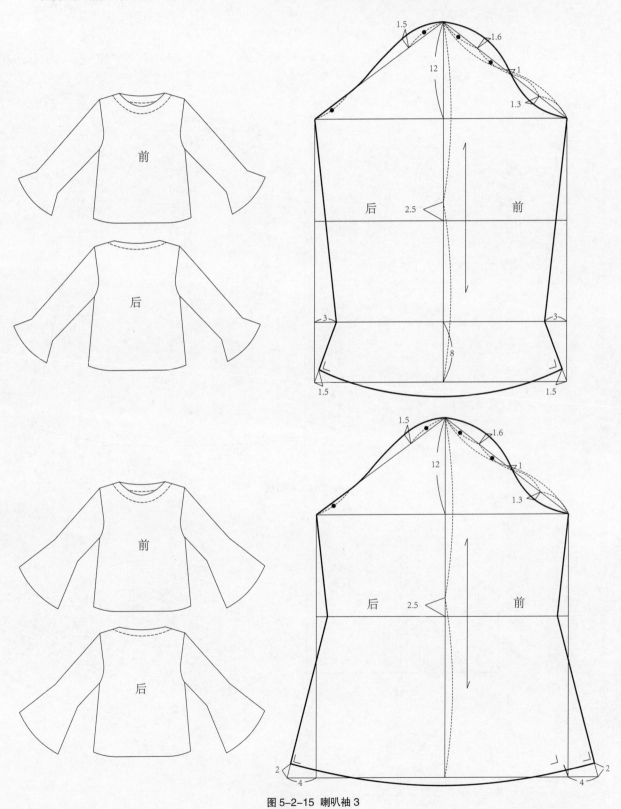

图 5-2-15 喇叭袖 3

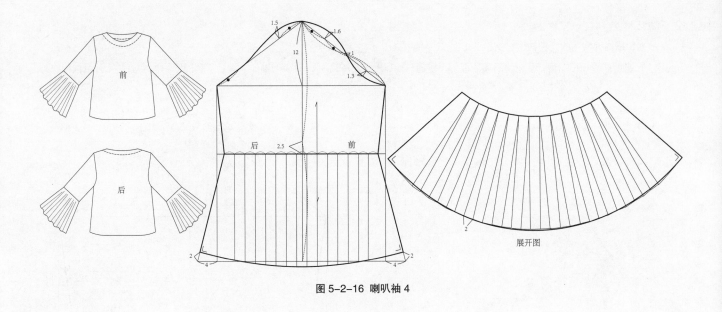

图 5-2-16 喇叭袖 4

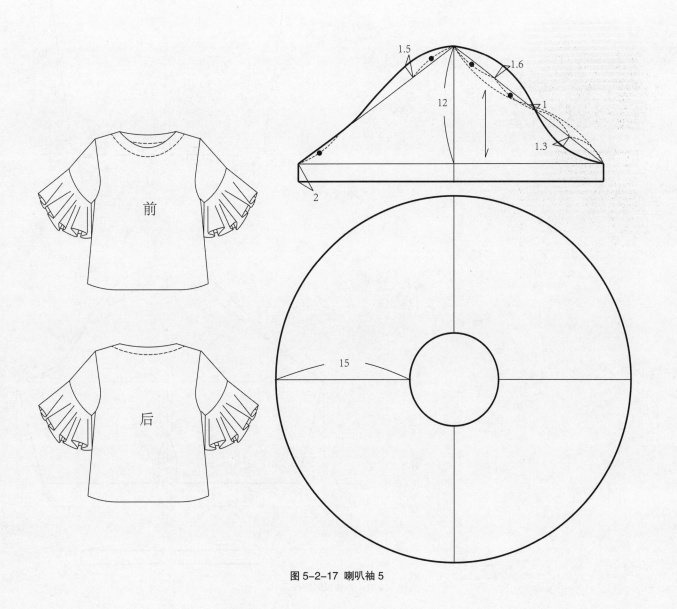

图 5-2-17 喇叭袖 5

2. 窄袖口

窄袖口是袖口窄俏的一种袖型，结构形式上有三种。

（1）前后袖缝线根据设计要求，直接收取一定量的窄袖口（图 5-2-18），较小的袖口为满足手臂的穿脱，会加袖衩，且袖口线与前后袖缝线始终保持直角形态（图 5-2-19）。

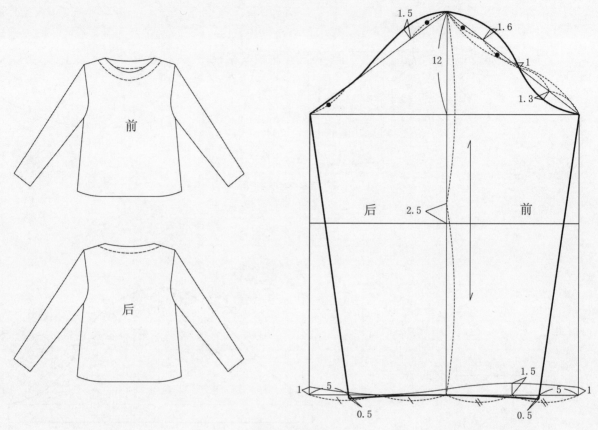

图 5-2-18 袖缝线收量的窄袖口

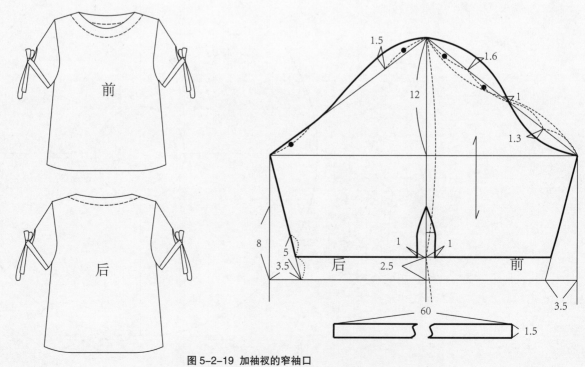

图 5-2-19 加袖衩的窄袖口

（2）袖口上收活褶、开袖衩、加装克夫的衬衫袖型，主要在衬衣、夹克中运用较多（图 5-2-20）。

（3）袖口抽松紧带的窄袖口，袖口制版一般不做处理，后期工艺添加松紧带，使袖口窄小，此种袖型多用于儿童罩衫中（图 5-2-21）。

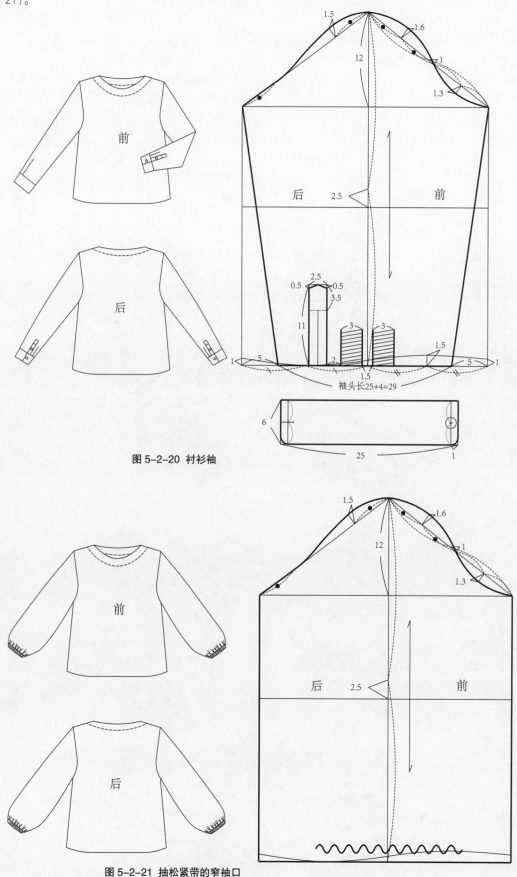

图 5-2-20 衬衫袖

图 5-2-21 抽松紧带的窄袖口

3. 袖口线的造型变化（图 5-2-22）

袖口线的造型可根据设计要求进行各种形式的造型变化，这种袖型不再考虑手臂与袖口造型的统一性。

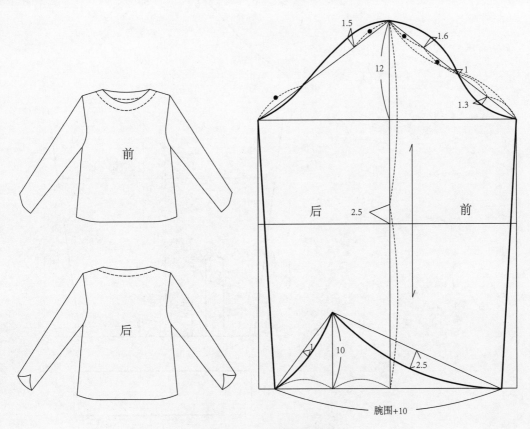

图 5-2-22 袖口线的造型变化

第三节 合体袖

一、合体袖结构特点

合体袖是符合胳膊前倾的袖型，袖山结构较合体，袖型自然前倾，袖肘处有袖肘省，是合体袖型前倾的主要参考数据。

二、制图规格（表 5-3-1）

表 5-3-1 合体袖制图规格 （单位：cm）

号型	部位名称	袖长	袖山高	袖口宽
150/72A	净体尺寸	49	12	15
	成衣尺寸	51	13	20

三、结构制版（图 5-3-1）

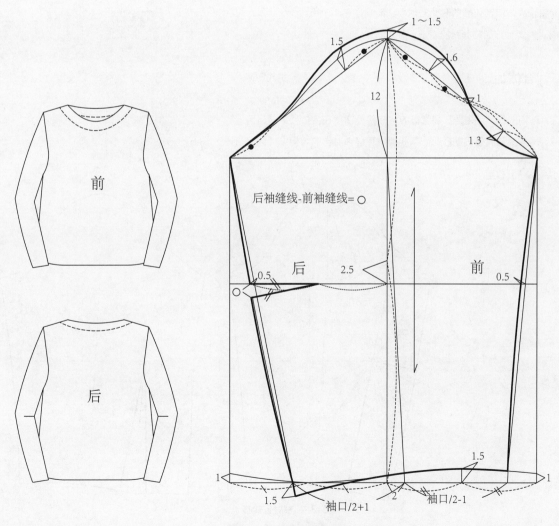

图 5-3-1 合体袖结构制版

（1）在袖原型的基础上，袖山高上升 1 ~ 1.5cm，增加合体袖的袖山高是为了增加袖窿弧线与衣身袖窿弧线的差量，使袖山部分饱满，提高袖型瘦长造型，提升整体的美观程度。

（2）重新修正袖窿弧线，形态与原型袖窿弧线基本吻合。

（3）袖中线。以袖中线与袖口线的交点为基点向前袖缝线进 2cm，向上交于袖山高与前后袖宽线的交点，确定合体袖的袖中线。

（4）前袖缝线。以合体袖的袖中线为基点向前袖取前袖口宽 = 袖口宽 /2-1cm，直线连接前袖宽，在与袖肘线相交处向袖中线进 0.5cm，曲线连接前袖宽和前袖口宽。

（5）后袖缝线。以合体袖的袖中线为基点向后袖取后袖口宽 = 袖口宽 /2+0.5cm，直线连接后袖宽，在与袖肘线相交处向外出 0.5cm，胖势连接后袖宽和后袖口宽。

（6）袖肘省。取后袖肘宽的 1/2 为省尖结束点，在袖肘线上直线交于后袖缝线，并以此点为基点下降后袖缝线与前袖缝线的差，作为袖肘省量大，直线连接袖肘省尖，形成省的两条直线等长。

（7）袖口。后袖缝线延长 1.5cm，前袖口在原型袖口弧线的基础上与前袖口宽相交，前后袖口线与前后袖缝线的交角呈直角。

四、注意事项

（1）袖山高增加量不宜过大，此处的袖山高虽然不会降低胳膊的活动量，但是增加的袖山高实际上是增加了袖窿弧线和衣身袖窿弧线的差量。适度的差量使袖型饱满美观，差量过大则会形成不必要的皱褶，使合体袖转变为泡泡袖。一般情况下，袖窿弧线与衣身袖窿弧线的长度差受面料的厚薄影响，薄型面料两者差在 1cm 左右，厚面料在 2.5cm 左右。增加了袖山高度的袖窿弧线与衣身袖窿弧线差会相应地增加。当然，合体袖也可不增加袖山的高度。

（2）为符合人体胳膊前倾的造型，袖中线前倾量在 1.5 ~ 2cm。

（3）袖肘省大 = 前后袖缝线的差量。

五、创新性合体袖

创新性合体袖的设计点主要在袖肘省的省转移，褶裥在合体袖中的运用。

合体袖省转移。对着省尖的任何一条线都是转移袖肘省的结构线（图 5-3-2 ~ 图 5-3-5）。

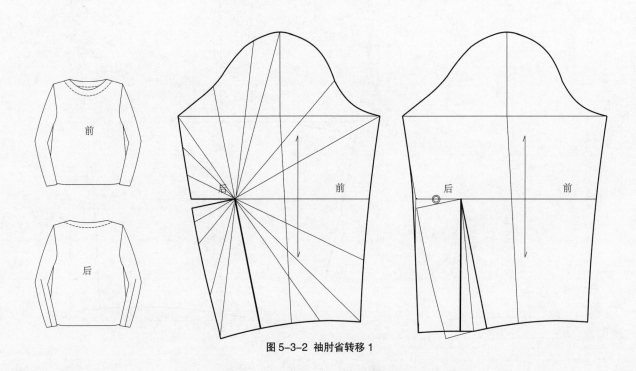

图 5-3-2 袖肘省转移 1

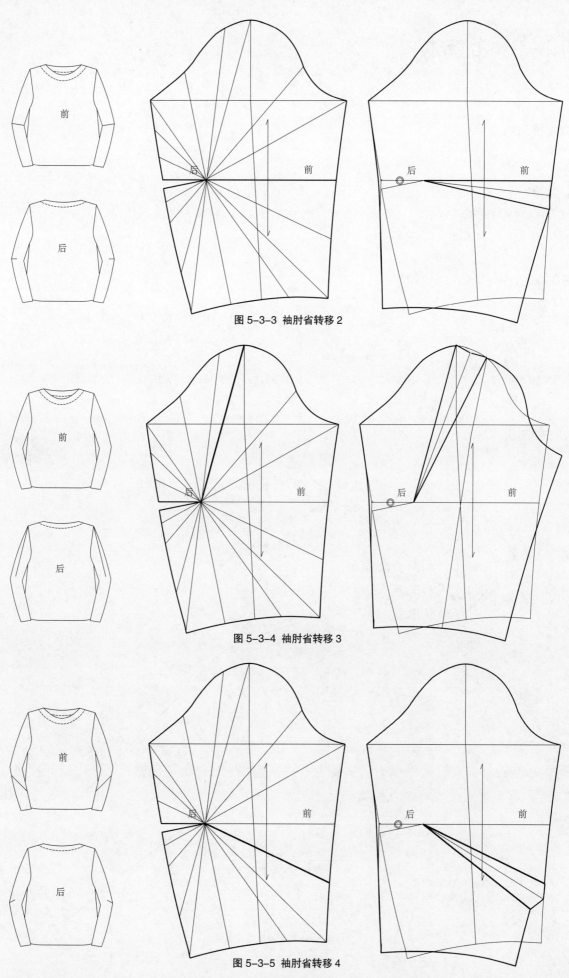

图 5-3-3 袖肘省转移 2

图 5-3-4 袖肘省转移 3

图 5-3-5 袖肘省转移 4

第四节 插肩袖

一、常规插肩袖

1. 结构特点

　　插肩袖，又称连肩袖，是非常规袖型之一，其肩袖相连，形成连续肩袖线条，结构宽松，是休闲装常用袖型，其中夹克衫类服装最为常见，是童装春秋冬三季常用袖型。主要有修身插肩袖和宽松插肩袖：修身插肩袖的袖型合体，多与较瘦的衣身相结合；宽松插肩袖的袖型宽松随性，肩线也相应抬高放平，袖深量增加。

2. 结构名称（图 5-4-1）

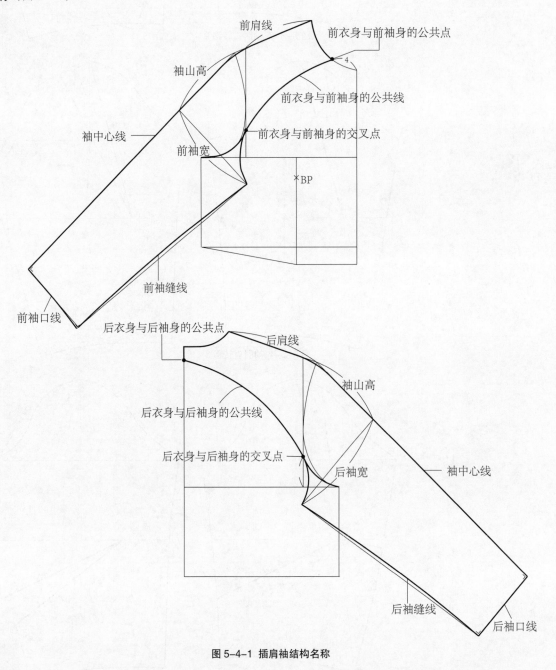

图 5-4-1 插肩袖结构名称

3. 制图规格（表5-4-1）

表5-4-1 插肩袖制图规格　　　　　　（单位：cm）

号型	部位名称	袖长	袖山高	袖口宽
150/72A	净体尺寸	49	12	15
	成衣尺寸	51	12	22

4. 结构制版（图5-4-2）

（1）前袖中线（袖斜线）。在肩顶点作胸围线的平行线10cm，作此线段的垂直线10cm，连接线段，形成等腰直角三角形，取斜边中点连接肩顶点引出前袖中线。

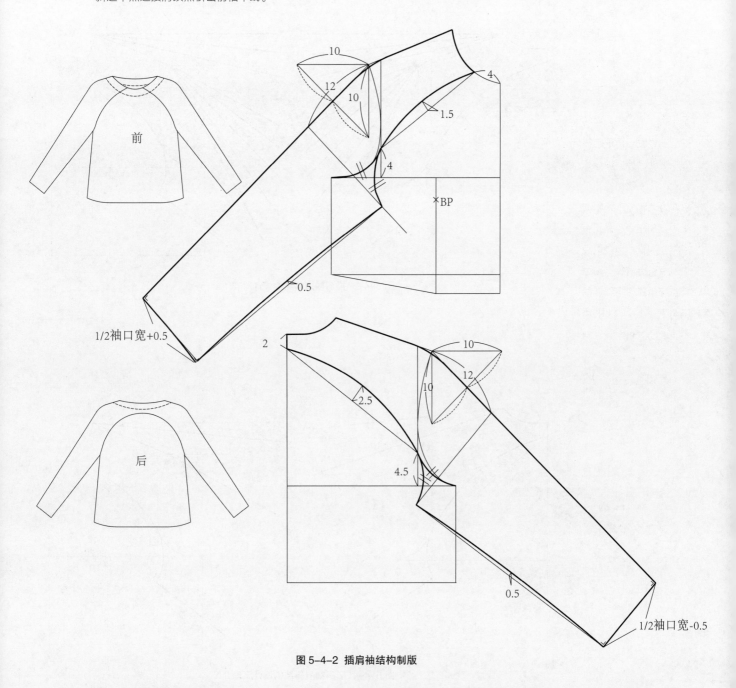

图5-4-2 插肩袖结构制版

（2）袖山高。以肩顶点为基点，沿袖中线取 12cm，作袖中线的垂直线，此垂线为前袖袖宽线。

（3）前袖与衣身公共线。以前领围线与前中心线的交点为基点，在领围线上取 4cm 并在胸宽线上上升 4cm，直线连接两点，取其中点，垂直上升 1.5cm，曲线连接各点，并交于袖宽线上。

（4）前袖口宽。作袖中线的垂直线 = 袖口宽 /2+0.5cm。

（5）前袖缝线。直线连接前袖宽线、前袖口线，在线段的 1/2 处垂直凹势 0.5cm，曲线连接至袖口宽。

（6）袖口线。延长袖缝线，使袖缝线与袖口宽呈直角。

（7）后袖中线、袖山高、袖缝线、袖口线的制版方法同于前插肩袖。

（8）后袖与衣身公共线。衣身后中心线下降 2cm，背宽线上升 4.5cm，直线连接两点，取其中点，垂直上升 2.5cm（推荐数据），曲线连接各点，并交于袖宽线上。

5. 注意事项

（1）肩斜。

插肩袖的肩斜决定了插肩袖的活动量和外观形态，肩斜越大，活动量减小，袖型越美观，反之则活动量越大。肩斜较修身的袖型在等腰三角形斜线的 1/2 处，肩斜底线在 1/2 处下降 2cm，超过这个限制，袖型活动受限。肩斜最小是没有肩斜，即直接以颈侧点为基点引出肩线，袖型特点与中式袖相同（图 5-4-3）。也可以采用不同的角度确定肩斜（图 5-4-4）。

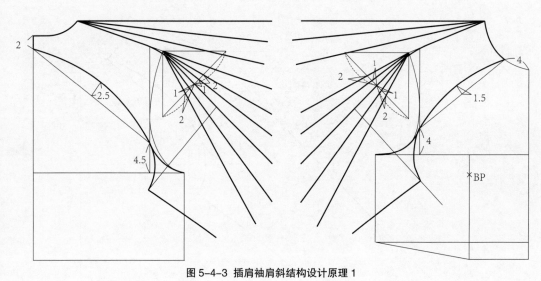

图 5-4-3 插肩袖肩斜结构设计原理 1

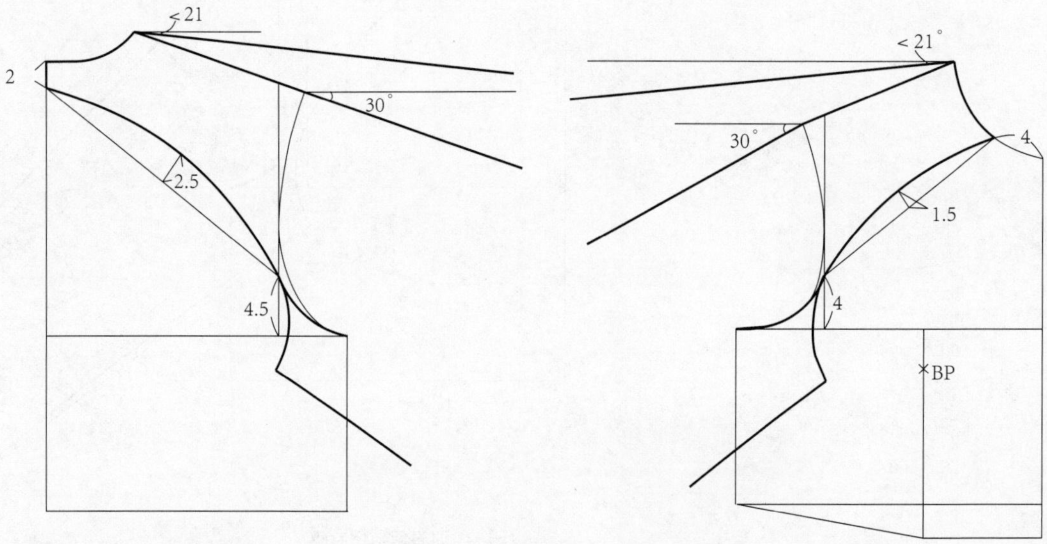

图 5-4-4 插肩袖肩斜结构设计原理 2

（2）衣身与袖身
的交叉点。

　　衣身与袖身的交
叉点，一般在袖窿弧线
与胸宽线、背宽线相切
点左右，此为最佳交叉
点，相切点以上暴露在
外的袖缝线有部分装袖
的特点。相交点的位置
可以在衣身的袖窿弧线
上，也可以在胸宽线和
背宽线上，当脱离衣
身袖窿弧线、背宽线、
胸宽线的交叉点时，插
肩袖就无法完成，且交
叉点不能超过袖宽线，
以后片为例（图 5-4-
5 ~图 5-4-7）。

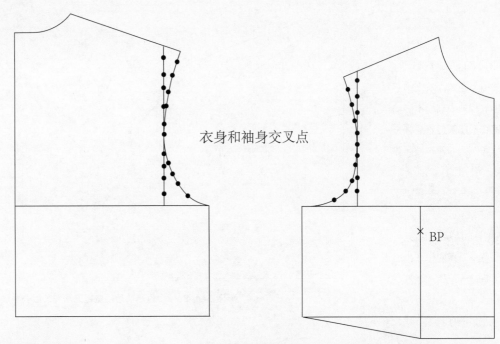

图 5-4-5 袖身与衣身交叉点

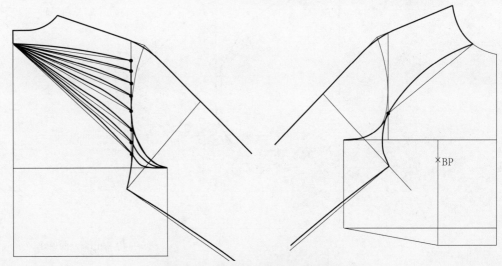

图 5-4-6 袖身与衣身交叉点在背宽线上

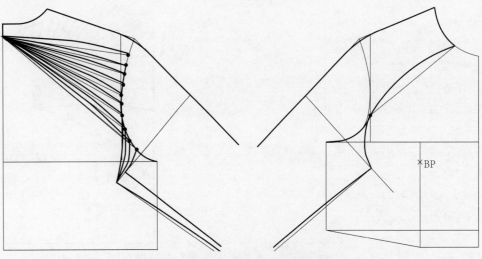

图 5-4-7 袖身与衣身交叉点在衣身袖窿弧线上

（3）袖山高。

插肩袖多选择低
袖山高。袖斜越大，
袖山高越大，反之则越
小。但袖山高引出的袖
宽线不能超过衣身袖窿
弧线，因为超过袖窿弧
线，则无法完成插肩
袖衣身与袖身交点以下
的袖窿弧线（图5-4-
8）。袖山高线和衣身与
袖身交叉点的关系也很
紧密，一般情况下袖山
高越大，交叉点也越高
（图5-4-9）。

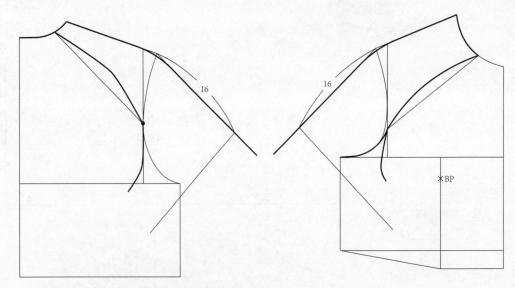

图 5-4-8 袖山过高前后袖宽线无法与前后公共线相交

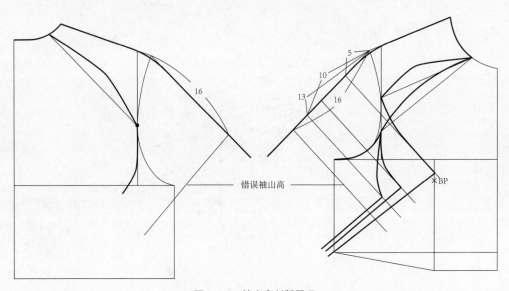

图 5-4-9 袖山高制版原理

（4）衣身与袖身
公共线。

实际上是衣身与
袖身交叉点与公共线起
点的位置变化。公共线
的起点可在前中心线、
领围线、肩线上，甚
至可以在衣身任意点选
取，但起点在肩点附近
的时候，会形成半插肩
袖结构，即与装袖的外
观造型基本相同。以
后片插肩袖为例（图
5-4-10）。

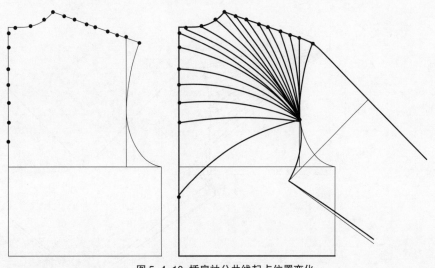

图 5-4-10 插肩袖公共线起点位置变化

二、创新性插肩袖

从插肩袖的结构分析，插肩袖
主要有衣身与袖身公共线、袖中线、
袖缝线、袖口线，这些结构线是插
肩袖结构设计的重点，主要有位置移
动和造型变化。

（1）衣身与袖身公共线创新性
结构设计。

主要有位置和造型变化（图
5-4-11～图5-4-13）。

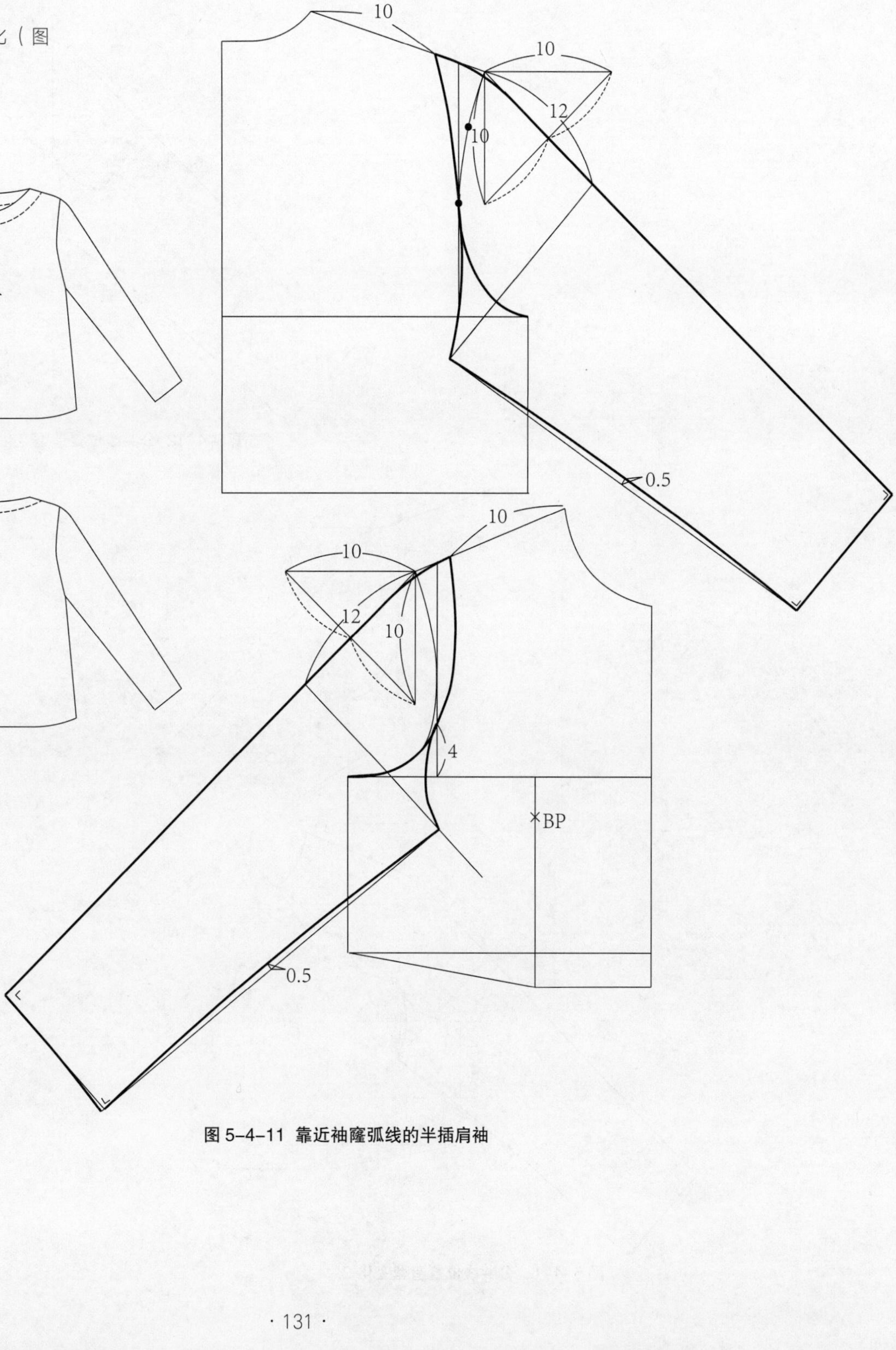

图 5-4-11 靠近袖窿弧线的半插肩袖

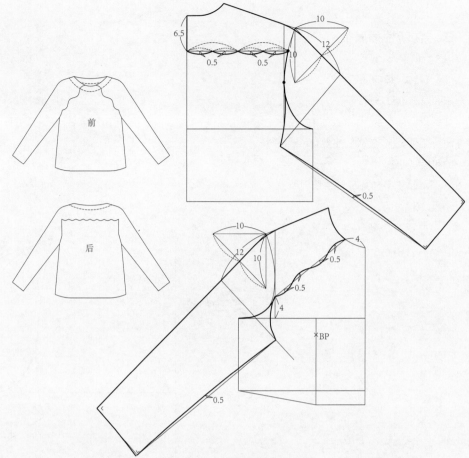

图 5-4-12 公共线位置造型变化 1

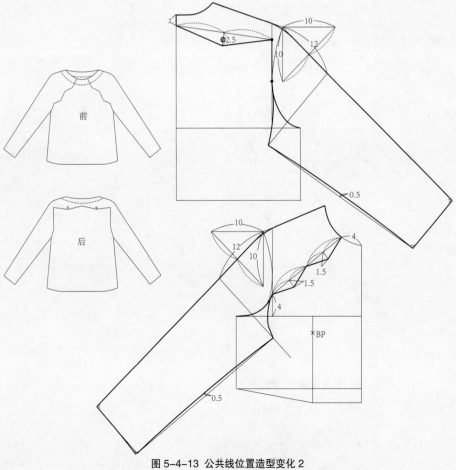

图 5-4-13 公共线位置造型变化 2

（2）袖中线的创新性结构设计。

插肩袖中，主要有有袖中线和无袖中线两种形式。

① 有袖中线。有袖中线的插肩袖，袖中线与肩线有一定角度，呈较合体的袖型，腋下余量相对较少，创新性结构设计主要有造型上的变化（图5-4-14、图5-4-15）。

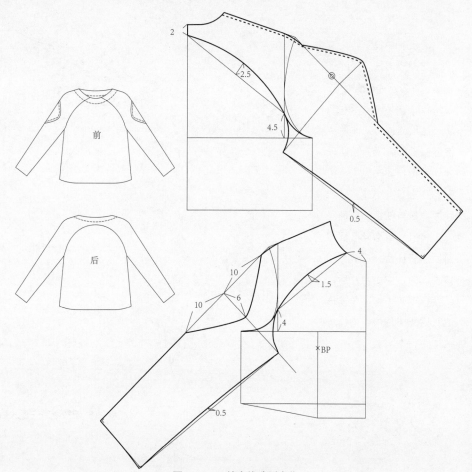

图 5-4-14 袖中线造型变化 1

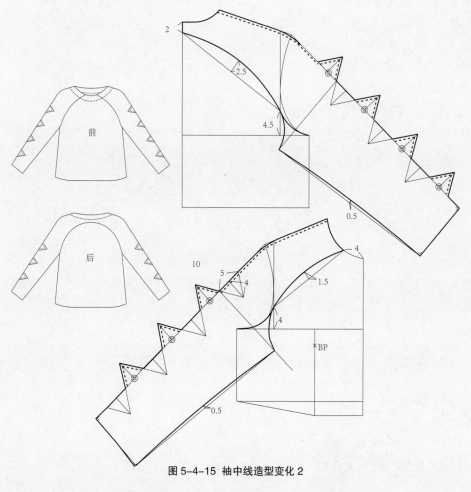

图 5-4-15 袖中线造型变化 2

② 无袖中线。

此类插肩袖有两种形
态：一种为一片式插肩袖，
肩线与袖中线呈一条直线，
属于宽松式插肩袖，此类
袖型的袖山较低，袖肥较
大，是宽松式夹克类常用
袖型（图5-4-16）；另一
种为肩线与袖中线仍然呈
一定角度，结构制版后将
前后插肩袖合并成一个整
体，因为袖中线合并后肩
线会形成较大的交角，形
成有肩线无袖中线的插肩
袖（图5-4-17）。

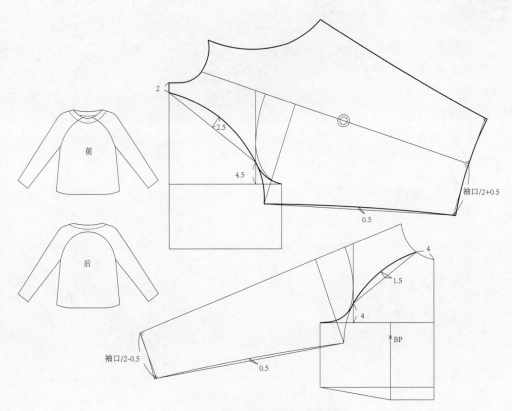

图 5-4-16 无袖中线一片式插肩袖

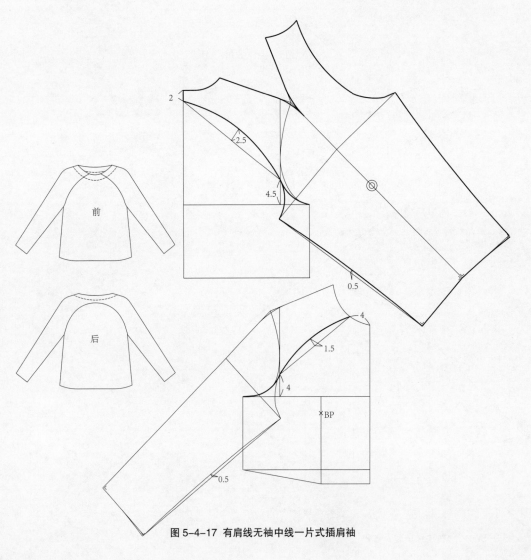

图 5-4-17 有肩线无袖中线一片式插肩袖

（3）袖缝线创新性结构设计。

袖缝线主要有位置、造型的变化。

① 位置变化。在不改变原有袖型的基础上进行位置上的前后移动（图5-4-18、图5-4-19）。

图 5-4-18　袖缝线前移

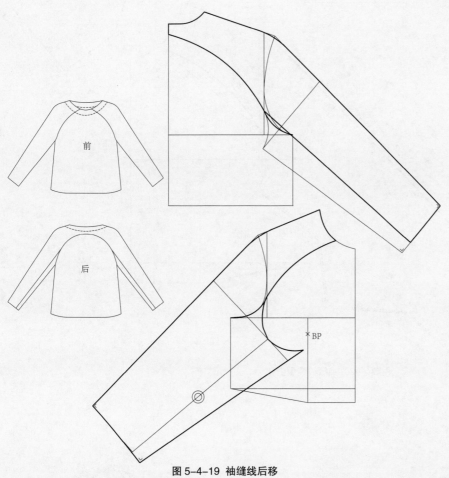

图 5-4-19　袖缝线后移

② 造型变化则在不妨碍工艺
制作的情况下进行科学合理的设计
（图5-4-20）。

（4）袖口线创新性结构设计。

插肩袖袖口大小、造型变化
与一片袖的制版原理相同，在此不
再赘述。

图5-4-20 袖缝线造型变化

（5）褶裥在插肩袖中的运用

褶裥的方式多种多样，设计
原则以功能性与审美性并进，讲
究褶裥与结构线之间结合的科学
性。以碎褶及自由褶与插肩袖结
构线的结合为例（图5-4-21、图
5-4-22）。

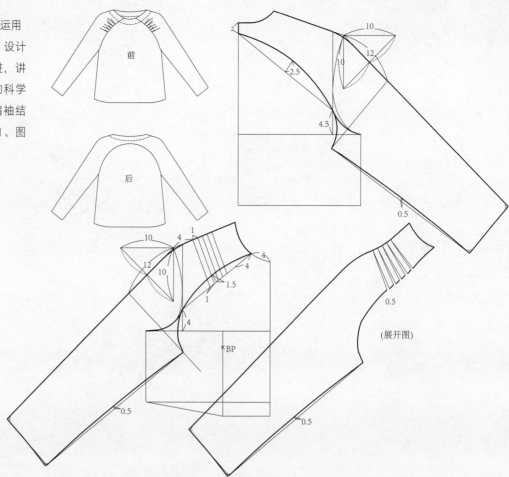

图 5-4-21 褶裥在插肩袖中的运用 1

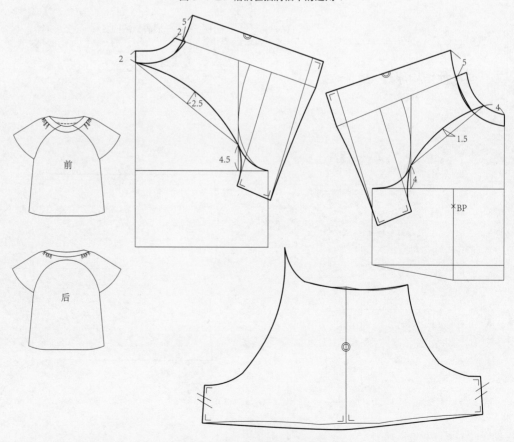

图 5-4-22 褶裥在插肩袖中的运用 2

第五节 连身袖

　　连身袖，又叫中式袖、原出身袖，袖身与衣身之间没有公共线，为衣身的一部分，袖型平面、宽松，在休闲运动类服装中运用较多。根据袖中线倾斜度，袖型分为蝙蝠袖、平连身袖、插片连身袖等。

　　将袖原型与衣原型进行纸样拼合不难看出，连身袖包含装袖挖掉的多余量，这也是连身袖在前后腋点附近有很多余量的原因，为了解决这一问题，连身袖采用袖中线下斜的制版方法，将袖身与衣身的余量尽可能降低到最少，为不妨碍手臂的活动量，会在腋下添加插角，形成外观合体又不妨碍手臂正常抬举的款式造型。

一、结构名称（图 5-5-1）

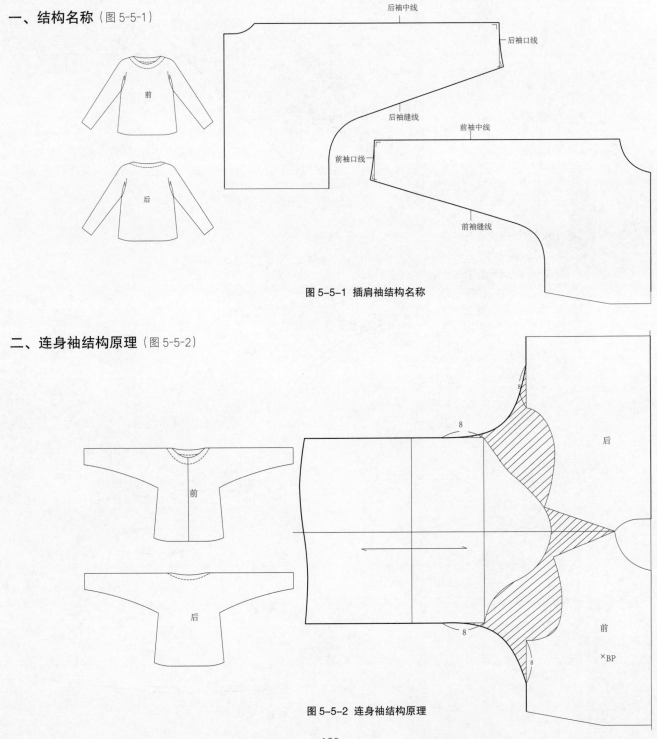

图 5-5-1 插肩袖结构名称

二、连身袖结构原理（图 5-5-2）

图 5-5-2 连身袖结构原理

三、平肩式连身袖

（图 5-5-3、图 5-5-4）

1. 结构特点

平肩式连身袖，袖中线水平，袖身较肥大，袖身与衣身前后腋点附近余量较多。

2. 结构制版

前后衣片自颈侧点水平引出袖长，即袖长＋肩宽，直角引出袖口宽；衣原型侧缝线处下降8cm（推荐数据），曲线连接袖口宽，直角曲线与袖口宽相切。当将平肩式连身袖的衣身加宽，袖窿深加深时，曲线连接袖缝线，会形成宽大的连身袖，因形似蝙蝠，又被称为蝙蝠袖。此袖型前后腋点附近余量增加，活动量大，褶皱较多。

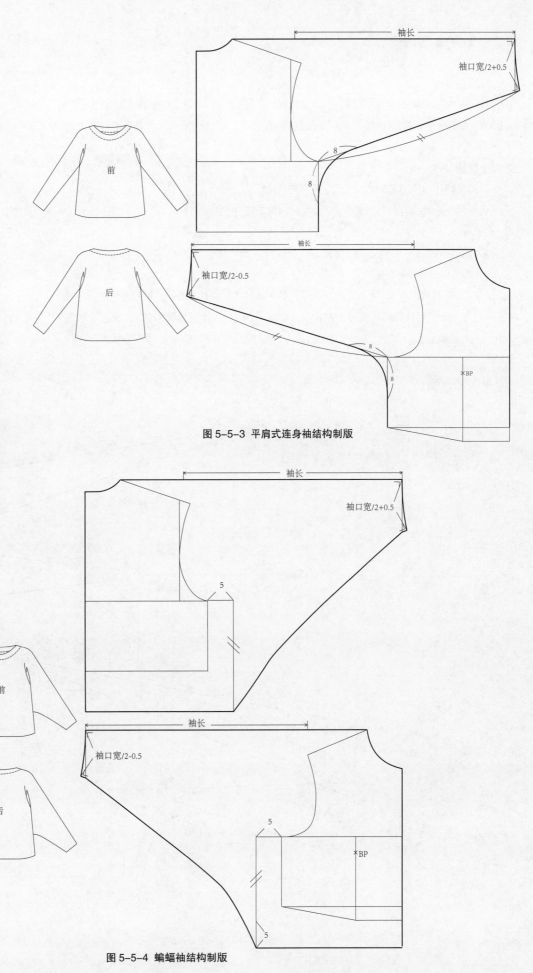

图 5-5-3 平肩式连身袖结构制版

图 5-5-4 蝙蝠袖结构制版

四、平连身袖（图 5-5-5）

1. 结构特点

肩线与袖中线不仅在一条水平线上，而且有一定的倾斜度，倾斜角度根据款式要求进行设定。一种根据要求进行肩线与袖中线斜向角度确定，一种是与前后肩线倾斜度相同，此类袖窿深相对平肩式连身袖较浅，前后腋点附近余量相对较少，有一定褶皱，活动量较大。

2. 结构制版

（1）以颈侧点上平线与肩线交角引出的平连身袖。

以颈侧点的上平线与肩斜的交角 1/2 处引出肩线与袖中线和延长前后肩线，长度为袖长，作袖长直角引出袖口宽，前袖口宽 = 袖口宽 /2-0.5cm，后袖口宽 = 袖口宽 /2+0.5cm，前胸围宽 +2cm，后胸围宽 +3cm，前袖窿深下降 8cm+ 前下份，后袖窿深下降 8cm，腋下袖缝辅助线 15cm，曲线连接前后袖口宽，直角与袖口宽相切。

（2）肩线引出的平连身袖。

制版方法与以颈侧点上平线与肩线交角引出的平连身插肩袖基本相同，按照肩线倾斜度直接引出袖长，直角袖口宽，前袖口宽 = 袖口宽 /2-0.5cm，后袖口宽 = 袖口宽 /2+0.5cm，前胸围宽 +2cm，后胸围宽 +3cm，前袖窿深下降 15cm+ 前下份，后袖窿深下降 15cm，曲线连接前后袖口宽，腋下袖缝辅助线 15cm，直角与袖口宽相切。

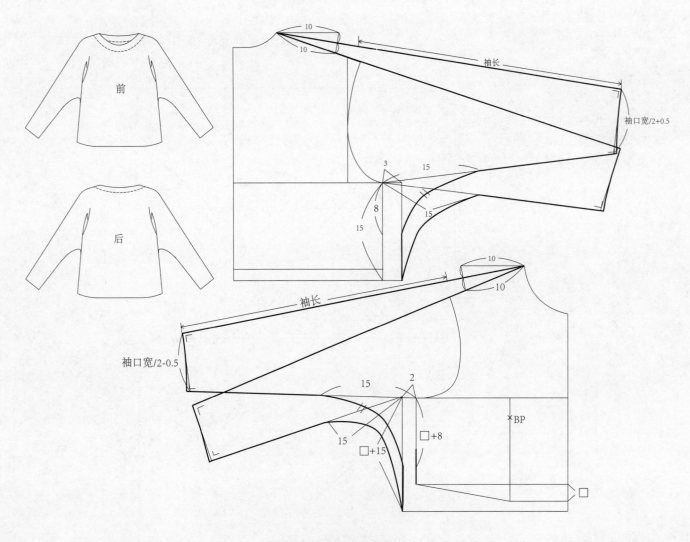

图 5-5-5 平连身袖结构制版

第六节 两片袖

两片袖,又叫西装袖,是通过设立肘省、后袖省等形式,将直筒袖型转化为符合人体胳膊微前倾的基本形态的袖型,主要用于较为正式的西装与大衣等服装中,在童装中主要用于少年或童装的礼服、制服类服装。

一、结构名称(图 5-6-1)

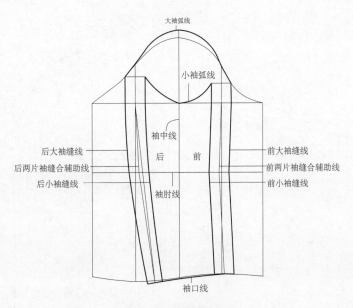

图 5-6-1 两片袖结构名称

二、结构制版

两片袖的结构制版有两种方式:一种是原型法结构制版;另一种是比例法结构制版。

(一)制图规格(表 5-6-1)

表 5-6-1 两片袖制图规格 (单位:cm)

号型	部位名称	袖长	袖山高	袖口宽
150/72A	净体尺寸	49	12	15
	成衣尺寸	51	12	22

(二)原型法两片袖结构制版(图 5-6-2)

1. 结构特点

在原型袖的基础上进行制版,由于原型袖袖山较低,一般情况下会适当加高 1.5cm 左右。

2. 结构制版

(1)大小袖前袖缝线。在前袖宽 1/2 处作袖中线的平行线,与前袖宽线相交确定辅助点 A,与袖肘线相交的点向后进 0.5cm 确定辅助点 B,与袖口相交的点向前进 0.5cm 确定辅助点 C,以辅助点 A、B、C 分别向两边取 2cm,确定辅助点 A'和 A"、B'和 B"、C'和 C",分别曲线连接 A'、B'、C'和 A"、B"、C",大小袖前袖缝线完成。

（2）大小袖后袖缝线。以 C 点为基点向后取 1/2 袖口宽确定 F 点，在后袖宽 1/2 处作袖中线的平行线，与后袖宽线相交确定辅助点 D，直线连接 D 点至 F 点，以平行线与斜线形成的线段 1/2 确定辅助点 E，辅助点 D 向两边取 2cm，分别确定辅助点 D' 和 D"，以 E 辅助点为基点分别向两边取 2cm，确定辅助点 E' 和 E"，以 F 点为基点分别向两边取 1.5cm 确定 F' 和 F"，分别曲线连接 D'、E'、F' 和 D"、E"、F"，大小袖后袖缝线完成。

（3）袖口线。延长 F' 和 F"，直角曲线连接 C' 和 C"。

（4）大袖窿弧线。袖山高上升 1～1.5cm，重新修正原型袖窿弧线。以 A' 点为基点作与袖中线相平行的线相交于前袖窿弧线上，确定辅助点 G；以 D' 为基点作与袖中线相平行的线相交于后袖窿弧线上，确定辅助点 G'。

（5）小袖窿弧线。以辅助点 G 点为基点引出平行于袖宽线的平行线，与小袖缝线引出的与大袖缝线相平行的线段相交于 H 点；以辅助点 G' 引出平行于袖宽线辅助线的平行线，与后小袖袖缝线引出的线段相交于 H' 点，曲线连接 H 点、H' 点，小袖窿弧线完成。

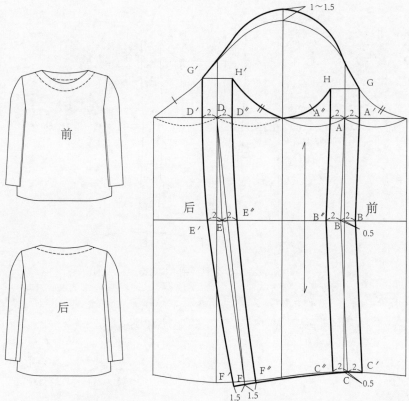

图 5-6-2 原型法两片袖结构制版

（三）比例法两片袖结构制版（图 5-6-3）

1. 基础结构

（1）袖长。作竖向线长度 = 袖长长度，也是后袖缝线辅助线。

（2）上平线。作袖长顶点的垂直线，长度为袖宽。

（3）袖山高。以袖长定点为基点取 AH（袖窿弧线）的 1/3。

（4）袖宽线。在袖山高底部斜向取 AH 的 1/2 交于上平线，作上平线的平行线。

（5）前袖缝线辅助线。作上平线的垂直线，长度 = 袖长。

（6）袖肘线。袖肘线 = 袖长 /2+2.5cm。

（7）袖口线。直线连接前后袖缝线辅助线。

2. 大小袖前袖缝线

以前后袖缝线辅助线与袖宽线的交点为基点向两边取前袖偏量 2～3cm；袖肘线与前袖缝线辅助线交点向里进 1cm；前袖缝线辅助线与袖口线的交点向上 0.8cm；前大小袖袖偏量平行于前袖缝线辅助线上升 1～2cm，曲线连接各点，大小袖前袖缝线完成。

3. 袖口大

后袖缝线辅助线下降 0.8cm 作平行于袖肘线的袖口辅助线，前袖缝线辅助线与袖口线交点向里取袖口大，交于袖口辅助线上。

4. 大小袖后袖缝线

袖山高 1/3 处向里进 0.5 ~ 1cm，直线连接袖宽线与后袖缝线辅助线交点处，在此斜线上向两边各取 1 ~ 2cm，并与袖山高 1/3 与袖宽线 1/4 直线延长线连接；直线连接后袖宽至袖口大，与袖肘线相交的点，向里进 1cm，并以此点为基点，直线连接袖口宽，向上 7cm 作为后袖大小袖归于一条直线的点；曲线连接各点，后袖大小袖缝线完成。

5. 大袖窿弧线

后大袖窿弧线：袖宽线 1/2 为袖山顶点，以袖山顶点为基点，曲线与 1/4 袖宽线及 1/3 袖山直线高连接的斜线相切。前大袖窿弧线：1/4 袖宽线与 1/4 袖山高直线连接，以袖山顶点为基点，曲线连接与此斜线相切，并顺势延长至前袖缝线上。

6. 小袖窿弧线

后小袖窿弧线：后小袖缝线与腋点直线连接，曲线连接至腋点。前小袖窿弧线：直线连接前小袖缝线至腋点，曲线连接至腋点。前后小袖窿弧线需平滑顺畅。

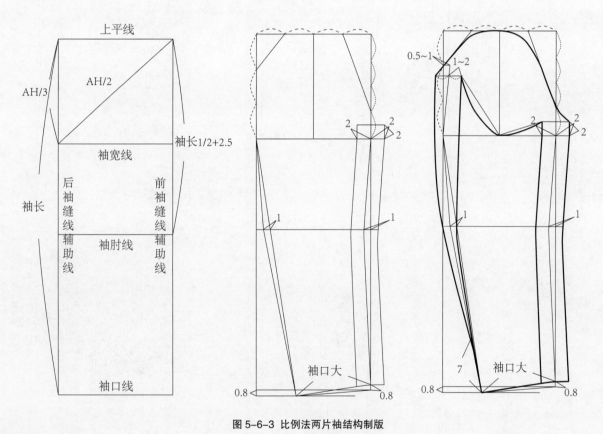

图 5-6-3 比例法两片袖结构制版

三、注意事项

（1）袖山不宜过高。袖山过高，活动量降低，不符合儿童活泼好动的性格。

（2）前后大小袖缝线的位置。以前后袖缝线辅助线为基准向两边取的数值，决定了大小袖的大小，取值越大，大袖越大，小袖越小，取值越小，大袖越小，小袖越大。

（3）原型法两片袖的袖型活动量较大，造型较丰满；比例法两片袖的袖型修长，造型更美观。因此，制版时应注意原型法的袖型和比例法的活动量。

四、创新性两片袖

创新性两片袖指在不改变两片袖结构原理的情况下进行两片袖的结构设计，主要表现为前后大小袖缝线的变化、袖弧线的大小变化等。

1. 前后大小袖缝线创新性结构设计

（1）保留部分后大小袖缝线。将后袖大小袖缝线采用合并的形式进行结构设计，形成后袖缝线部分缺失的创新性外观形态（图5-6-4）。

（2）后袖大小袖缝线合并后形成的袖省，并进行转移（图5-6-5、图5-6-6）。

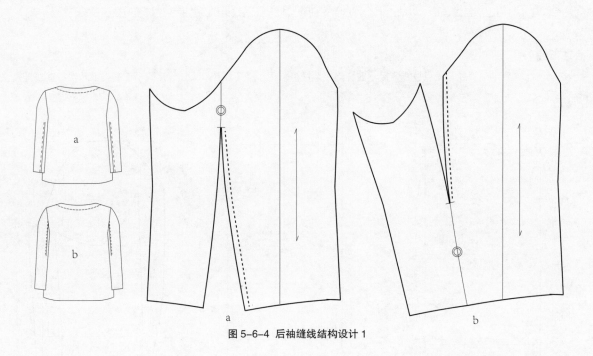

图 5-6-4 后袖缝线结构设计 1

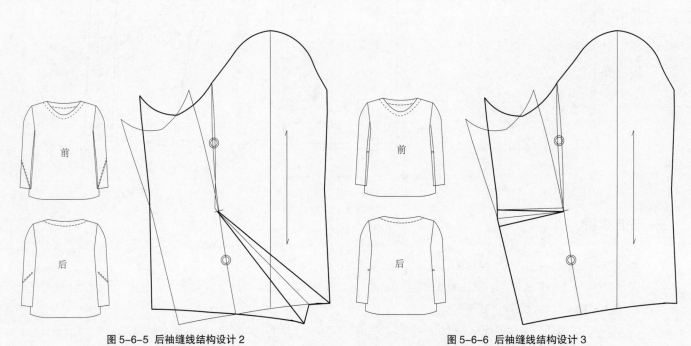

图 5-6-5 后袖缝线结构设计 2　　　　　　　　　　图 5-6-6 后袖缝线结构设计 3

（3）后袖大小袖缝线造型变化（图5-6-7）。

（4）前袖大小袖缝线造型变化（图5-6-8）。

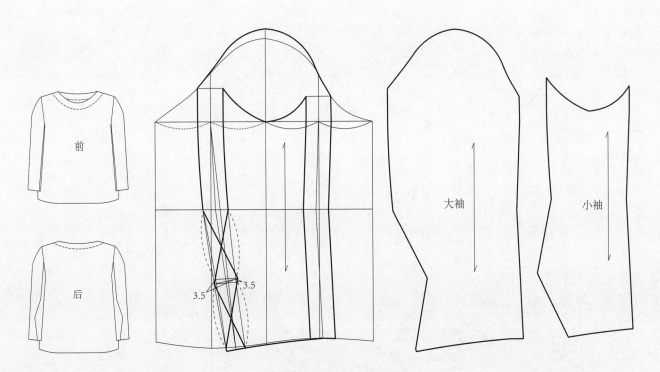

图 5-6-7 后袖大小袖缝线造型变化

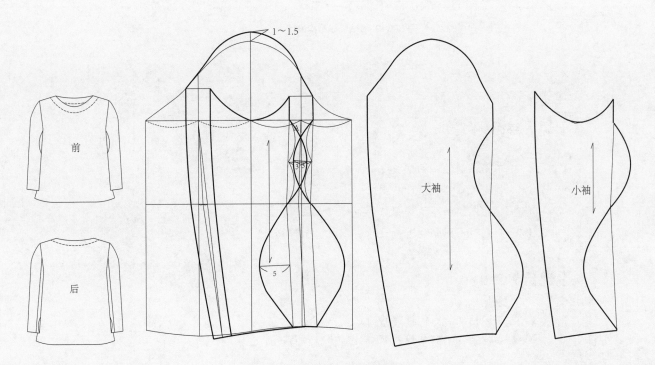

图 5-6-8 前袖大小袖缝线造型变化

2. 袖弧线创新性结构设计（图 5-6-9）

袖弧线的创新性设计与一片袖结构原理相同，主要在大袖的袖弧线上进行设计。

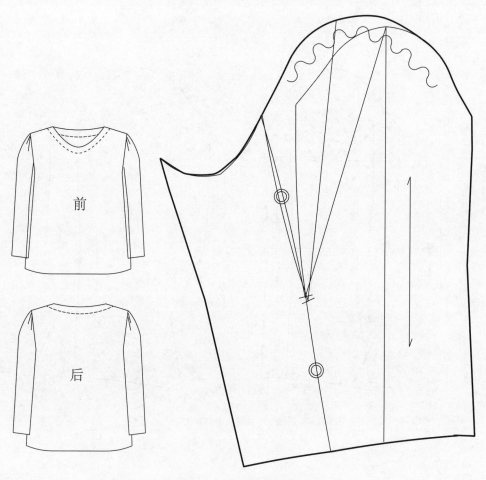

图 5-6-9 后袖弧线结构设计

【课后练习题】

（1）不同袖型的结构制版练习。
（2）创新性袖型的设计与制版。
（3）总结不同袖型结构制版的规律与方法。
（4）分别对不同袖型进行设计、制版、制作训练。

【课后思考】

（1）不同袖型与人体胳膊的内在关系。
（2）如何进行不同袖型的创新性结构制版与设计。

第六章
儿童装结构设计与纸样

学习内容

- 儿童装的构成特点
- 不同时期儿童的生理、心理需要
- 不同类型的童装结构设计原理与方法

学习目标

- 掌握不同时期儿童的生理、心理需求
- 掌握不同时期的童装结构制版原理与方法

儿童期主要指0～12岁的孩童，此阶段的儿童身心处于发育状态，生理和心理变化较大，因此，不同年龄段的儿童，在体型特征、心理需求、对事物认知与判断等方面变化微妙。根据这一特点，儿童期又细化分为婴儿期（0～1岁）、幼儿期（1～3岁）、学龄前期（4～6岁）、学龄期（7～12岁）四个阶段，不同阶段的儿童的生理、心理、行为及情感等方面的各不相同，是儿童身心发育变化最大的时期。同时，此阶段儿童体型变化微妙，与成人体态差异显著，因此，不同阶段对服装设计、结构、工艺等方面都有很高的要求，了解和掌握不同时期儿童的发育状态，有利于对童装结构设计与制版的把控与判断。

第一节 婴儿期

一、婴儿期特点（0～1岁）

1. 体型特征（图6-1-1）

从出生到1周岁，是儿童发育最显著的时期，身高48～80cm，头身比例在1：4左右，腹围大于胸围和臀围，头大、颈短、四肢短粗，肩部溜窄，胸廓呈圆筒形，背部曲率小，大腿粗且短，与腿部其他部位周长差异很大。

2. 生理特征

此阶段的儿童自身体温协调能力差，皮肤娇嫩，对外部刺激敏感。同时，新陈代谢较快，极易出汗，不能自主排便和排尿。3个月内的婴儿，有本能意识，没有自主意识，对外界事物随着时间推移有一定的认知；3～6个月的婴儿，自我意识形态较少，能根据成人的需求做出一定的反应，但仅限于条件反射性反应，不属于自我意识形态下的回应；7～12个月，有一定的自我意识形态和需求，能进行一定形式的情感表达。

3. 行为特征

3个月以前，以睡眠为主；3个月以后，活动机能不断增强，从3个月开始能自主翻身、抬头；6～7个月，腰部逐渐有力量，能自己坐起来，手掌能自主抓握玩具进行玩耍；8～9个月，腿部力量增强，开始自主爬行；12个月左右，有自主行走的意识，有些婴儿开始正常行走。

4. 心理需求

此阶段的儿童对事物的喜好自主意识不强，对童装的色彩、纹样、款式、面料等方面没有选择的能力和需要。这里主要取决于父母对事物的认知和要求。因此，设计时要先做好服务定位，迎合不同阶段婴儿父母对童装的审美需求。

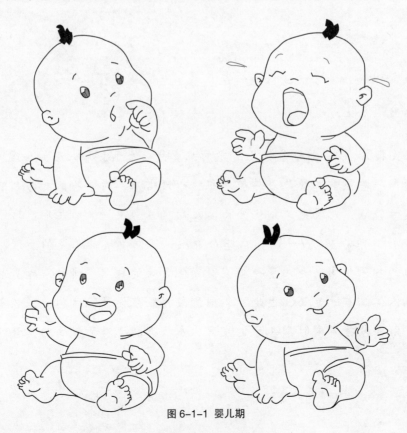

图6-1-1 婴儿期

二、服装设计要领

1. 面料

透气、柔软，吸湿性好，一般选择对宝宝皮肤无刺激的细棉布、绒布、人造棉、丝织物等。

2. 色彩

从生理学的角度分析，儿童的视神经发育还不完全，太鲜亮的色彩极易对婴儿眼睛造成伤害；从视觉情感的角度分析，鲜亮的色彩给人以坚硬、刺激的视觉触感，极易造成心理的不舒爽。因此，在色彩上多选择粉色系，如粉红、粉绿、粉蓝、粉黄等。

3. 图案

从心理学的角度分析，憨态可掬的小动物极易满足年轻父母宠溺的心理，如小熊、小兔、小猫等。

4. 款式设计

0～3个月的婴儿，以睡觉为主，且自主能力较差，因此童装款式设计要求结构线要少，并易于穿脱，不用纽扣，一般用带子系扎，且避开儿童后腰部，一般在侧面或前面，为防止露肚子，多以偏襟的形式，袖子多为原出身袖（中式袖）；6～12个月的童装款式有一定的结构设计，出现插肩袖、一片袖等袖型，无领或扁领。

5. 结构制版

0～3个月的婴儿服，结构线越少越好，主要为无结构线的偏襟和中式袖的形式；6～12个月的婴儿服有少量结构线作分割。

6. 工艺制作

多用阴线，线隐藏在布料下面，或直接用锁边机完成缝合，缝合线越少越好。

7. 装饰

0～3个月的婴儿服基本上无装饰物，6～12个月的婴儿服有少量的装饰物，如动物形状的小口袋、小花边等。

三、原型结构制版（图6-1-2）

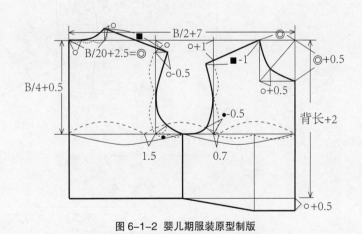

图6-1-2 婴儿期服装原型制版

四、婴儿期服装

（一）偏衫（和尚衫）

1. 结构特点

结构简单，结构线较少，款式较宽松，无领偏襟，开领较大，斜襟，中式袖，带子系扎，便于穿脱。

2. 规格尺寸 (表6-1-1)

表6-1-1 偏衫规格尺寸 （单位：cm）

号型	部位名称	胸围	衣长	袖长	领宽	袖口
66/48A	净体尺寸	48	33	24	5.0	10
	成衣尺寸	62	33	24	5.0	10

3. 结构制版 (图6-1-3)

（1）在原型的基础上进行制版，因为原型已经在净尺寸的基础上增加14cm，所以纸样的结构制版不需要再增加胸围量。

（2）袖型为中式袖，以前后颈侧点为基点引出平行于胸围线的直线，长度为袖长。

（3）前后袖口宽10cm。

（4）衣长。原型背长19cm，设定衣长33cm，因此，以腰围线为基准下降14cm。

（5）后侧缝线。胸围线下降2cm，加深原型袖窿弧线深。

（6）衣摆外展3cm，曲线连接袖口宽，并与袖口宽和侧缝线呈直角。

（7）前侧缝线。前胸围线下降前下份〇，再下降2cm，前后衣身侧缝线相等。

（8）前领深。前颈窝点下降2cm。

（9）偏襟。前中心线出5cm，前中心线与底边辅助线相交点上升2.7cm，曲线连接各点，并与侧缝线呈直角。

（10）系带。长20cm、宽1cm的长条带子。

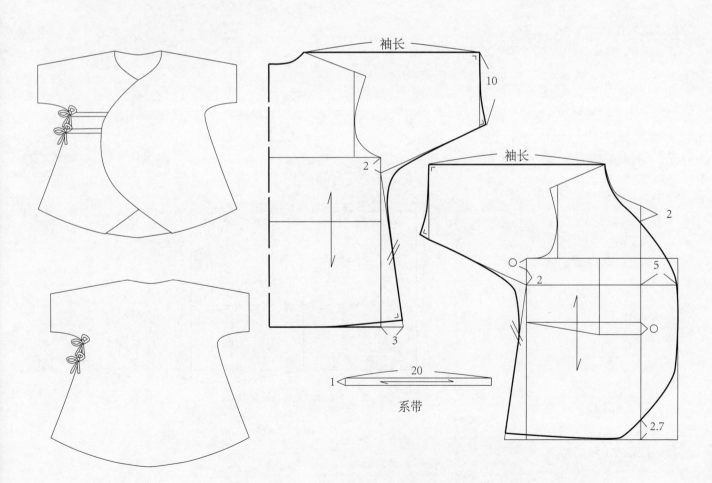

图6-1-3 偏衫

（二）连衣裙

1.结构特点

无袖、无领，开领较大，短前门襟，前片有横向结构线，下部有褶裥，整个款式简单舒适。

2.规格尺寸（表6-1-2）

表6-1-2 连身裙规格尺寸 （单位：cm）

号型	部位名称	胸围	衣长	背长
66/48A	净体尺寸	48	33	19
	成衣尺寸	62	33	19

3.结构制版（图6-1-4）

（1）在原型的基础上进行制版，因为原型已经在净尺寸的基础上增加14cm，所以纸样的结构制版不需要再增加胸围量。

（2）衣长。原型背长19cm，设定衣长33cm，因此以腰围线为基准下降14cm。

（3）后侧缝线。胸围线下降2cm，加深原型袖窿弧线深。

（4）前后衣摆外展3cm。

（5）前中心线下降前下份〇。

（6）前肩线。肩点垂直上升1.5cm，直线连接前颈侧点。

（7）前领。前颈窝点下降2cm，前颈侧点向外出1.5cm。

（8）后肩线。后肩点垂直上升0.5cm，后颈侧点向外出1.5cm，前肩线长＝后肩线长。

（9）短叠门。领围线下降1cm为第一个扣位，胸围线上升1cm为第二个扣位，叠门宽1cm。

（10）前片活褶。胸围线向上1cm作胸围线的平行线，外扩8cm。

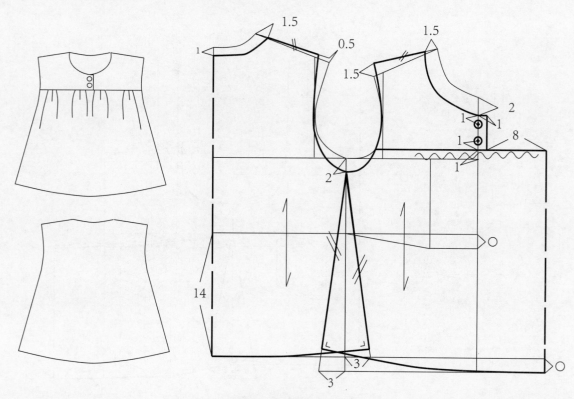

图6-1-4 无袖连衣裙

(三)背带裙

1. 结构特点

无袖、无领、背带，前片工字褶，中高腰，后片有口袋，口袋和中高腰处有明线，前后侧缝处抽松紧带，下摆小 A 型裙。

2. 规格尺寸（表 6-1-3）

表 6-1-3 背带裙规格尺寸 　　　　　　　　　　　　（单位：cm）

号型	部位名称	胸围	衣长	背长
66/48A	净体尺寸	48	33	19
	成衣尺寸	62	33	19

3. 结构制版（图 6-1-5）

(1) 在原型的基础上进行制版，因为原型已经在净尺寸的基础上增加 14cm，所以纸样的结构制版不需要再增加胸围量。

(2) 衣长。原型背长 19cm，设定衣长 33cm，因此以腰围线为基准下降 14cm。

(3) 前后侧缝线。胸围线下降 3.5cm，加深原型袖窿弧线深。

(4) 前后衣摆外展 3cm。

(5) 前中心线下降前下份○。

(6) 前后背带肩线。前肩点垂直上升 1.5cm，后肩点上升 0.5cm，前后颈侧点进 1.5cm，前后背带宽 2.5cm。

(7) 前片。前胸围线上升 1cm，作胸围线的平行线，背带向外 0.5cm，上升 1cm，曲线连接至前中心线。曲线修正袖窿弧线；以前中心线为基准向里进 8cm，取工字褶量 6cm。

(8) 后片。后中心线下降 3cm，曲线连接领口线和袖窿弧线；后腰围线上升前下份；后中线线向里进 4cm，下降 1cm 直线连接 6cm 袋口宽，口袋底部下降 1.5cm，直线连接口袋长。

(9) 腰部抽松紧带。

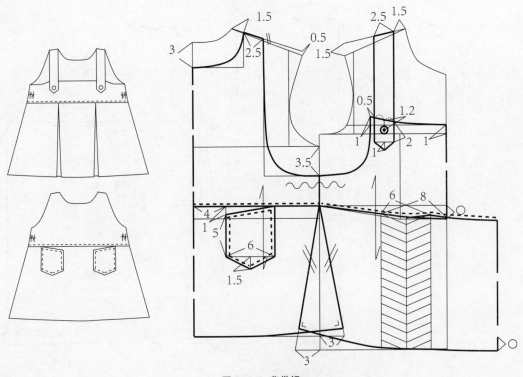

图 6-1-5 背带裙

· 152 ·

（四）连体裤

1. 结构特点

半袖、无领，衣身与裤子相连，前中心线和裆部有开口，便于穿脱和更换纸尿裤。

2. 规格尺寸（表6-1-4）

表6-1-4 连体裤规格尺寸 （单位：cm）

号型	部位名称	胸围	后衣长	背长	袖长
66/48A	净体尺寸	48	46.5	19	8
	成衣尺寸	62	46.5	19	8

3. 结构制版（图6-1-6）

（1）在原型的基础上制版。

（2）后衣长 =46.5cm。

（3）前后领围线。前领围线，前颈侧点向外出 1cm，前颈窝点下降 0.6cm，曲线修正前领围线；后领围线，后颈侧点向外出 1cm，后中心线下降 0.5cm，曲线修正后领围线。

（4）前后肩线。前肩线，肩点上升 1cm，外出 1.5cm，直线连接前颈侧点；后肩线，肩点上升 0.5cm，直线连接后颈侧点。将前片前下份与后片腰围线对齐，后侧缝下降 2cm，前片侧缝线下降前下份的量 +2cm，曲线连接前后肩点。

（5）前后侧缝线。腰围线下降 15cm，再上升 5cm，作腰围线的平行线，与侧缝线辅助线相交，向外放 3cm，直线连接修正后的前后腋点。

（6）裤腿线。在背长下降 15cm 的基础上再下降 7.5cm，作平行与腰围线的平行线，后片取 8cm，再下降 5cm 作腰围线的平行线，曲线连接后侧缝线，并与侧缝线的交角呈直角；前片取 6cm，曲线连接前侧缝线，并呈直角。

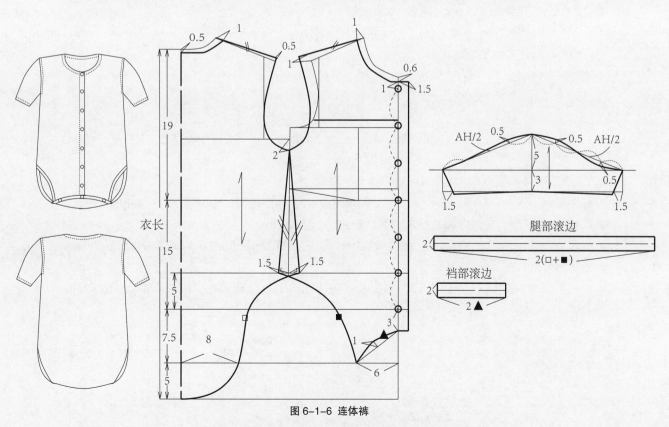

图 6-1-6 连体裤

· 153 ·

（7） 前叠门。前中心线向外出1.5cm，平行于前中心，与领围延长线相交。

（8） 裆。直线连接6cm横向线，1/2处垂直上升1cm，曲线连接前中心线。

（9） 袖子。作十字交叉，交叉点以上袖山高5cm，以下3cm，袖长=8cm；前袖弧线，袖顶点至横线线=AH/2，确定前袖宽线，将此线段平均分成4等份，靠近袖山顶点的1/4处垂直上升0.5cm，3/4处下降0.5cm，曲线连接各点；后袖弧线，袖顶点斜线AH/2，交于横向线，确定后斜线和后袖宽，在后袖斜线上取前袖斜线1/4处，垂直上升0.5cm，后袖斜线与后袖宽的交点为基点在后袖斜线上取1/4前袖斜线，曲线连接各点；前后袖宽线作袖中心线的平行线，长度为3cm，直线连接袖长，且在前后袖缝线辅助线向里进1.5cm，延长前后袖缝线，曲线连接前后袖缝线，袖缝线与袖口线成直角。

（10）滚边。腿部和裆部用宽2cm的弹性或45°角的面料进行滚边（包边）。

（五）无袖连身开裆裤

1. 结构特点

无袖、无领、开裆、长裤，衣身与裤子相连，后中心线单叠门。

2. 规格尺寸（表6-1-5）

表6-1-5 无袖连身开裆裤规格尺寸　　　（单位：cm）

号型	部位名称	上衣长	胸围	臀围	股上长	裤长	裤口宽
66/48A	净体尺寸	15	48	48	17	42	12
	成衣尺寸	15	62	70	17	42	12

3. 结构制版（图6-1-7）

（1）上衣。

① 前后肩线。前后肩点上升1.5cm，肩宽3.5cm。

② 前后领围线。前领围线，前颈侧点出1.6cm，前中心线下降2cm，曲线连接画顺；后领围线，后颈侧点出1.6cm，后中心线下降5cm，曲线连接画顺。

③ 前后侧缝线5cm。

④ 前后袖窿弧线。前后腰围线上升5cm，与前后肩点曲线连接画顺。

（2）裤子。

① 基础线。裤长42cm；上裆长17cm；臀围线为上裆长/3，臀围宽H/4；髌骨线为臀围线至裤口的1/2，宽度为14cm；裤口线为12cm。

② 前后腰围线。H/4-0.5cm，前后侧缝线上升0.7cm。

③ 前后腰活褶。前腰活褶，以胸位线为基点至腰围侧缝线的1/2，确定两个倒向侧缝的顺褶，褶量1cm；后腰活褶，1/2背宽第一个活褶位，至后腰侧缝线的1/2为第二个活褶位，活褶量1cm。

④ 前后开裆。前裆，上裆长上升3cm，直线连接髌骨线，取1/3垂直上升2cm，曲线画顺至髌骨线；后裆与前裆制版相同。

⑤ 外侧缝线。曲线连接腰围线、臀围线、髌骨线、裤口线。

⑥ 后叠门与纽扣。叠门宽1cm，后中下降1cm为第一个扣位；后开裆位上升1cm，两者之间平均分配5粒纽扣。

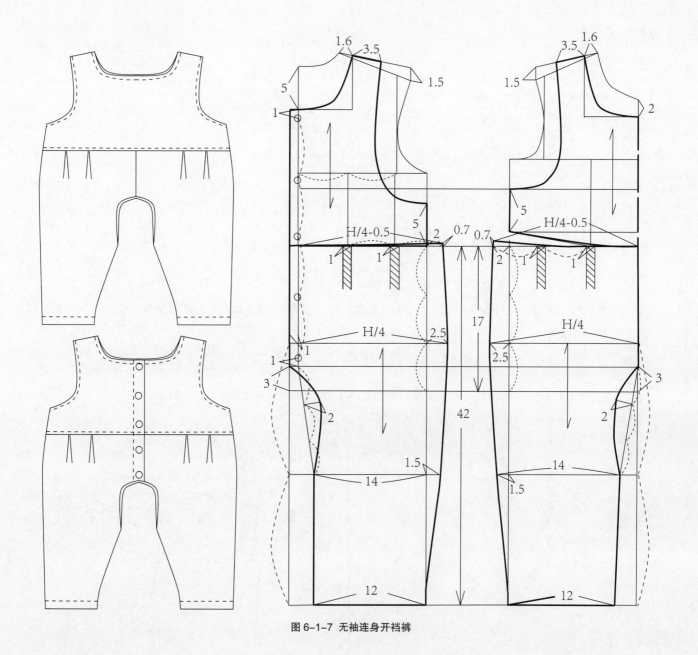

图 6-1-7 无袖连身开裆裤

（六）插肩袖连身加裆裤

1. 结构特点

　　插肩袖、无领、合裆、长裤，衣身与裤子相连，腰部有活褶，前中心线有开门。

2. 规格尺寸 （表 6-1-6）

（单位：cm）

表 6-1-6 插肩袖连身加裆裤规格尺寸

号型	部位名称	背长	胸围	臀围	股上长	下裆长	袖长
66/48A	净体尺寸	19	48	48	16	26	20
	成衣尺寸	19	62	64	16	26	20

3. 结构制版（图6-1-8）

（1）上衣。

① 前后肩线。前后肩线上升1.5cm，直线连接颈侧点。

② 前后领围线。前领围线，前中心线下降1cm，颈侧点出1cm，曲线连接两点；后领围线，颈侧点出1cm，后中心线下降0.5cm，曲线连接两点，后中心线与领围线呈直角。

③ 叠门。叠门宽1cm。

④ 插肩袖。延长前后肩线，长度为袖长，前肩线加袖长＝后肩线加袖长。前袖，袖山高2cm，引出前袖宽线辅助线；领围线1/2引出直线交于胸宽线与袖窿弧线的交点上，线段1/2垂直上升1cm，曲线连接至袖宽线辅助线上，长度与袖窿弧线等长，确定袖宽线；袖口宽8cm，垂直于袖中心线；袖肥线直线连接袖口宽，延长线段与袖缝线呈直角，曲线连接至袖中心线。后袖，袖山高2cm，引出前袖宽线辅助线；1/2后领围线，背宽线上升4.5cm，直线连接两点，此线段1/2垂直上升0.5cm，曲线画顺至后袖宽辅助线上，后袖弧线与后衣身袖窿弧线等长，袖口与前袖口制版相同。

（2）裤子。

① 臀围线。1/3上裆长为臀围线位，前后臀围宽为H/4。

② 大小裆。臀围宽/4+1.5cm为大小裆宽，分别直线连接臀围线，形成直角三角形，直角引出线段垂直于三角形斜边，取此线段1/2，曲线连接各点。

③ 前连脚裤外侧缝线。挺缝线，将1/4臀围宽再平分成两等份，引出与前中心线辅助线平行的线段，长度为裤长+8cm（脚长）；裤口位以挺缝线为基准向两边各取5cm，曲线连接腰围上升的3.5cm处、臀围线、裤口线，曲线画顺连脚线。

④ 前连脚裤内侧缝线。髌骨线进1cm，曲线连接小裆、裤口线、连脚线。开裆叠门1cm，四粒扣。

⑤ 后侧缝线和内侧缝线与前片制版相同，后脚跟下降2cm，曲线连接各点。

⑥ 脚底片制版参见图。

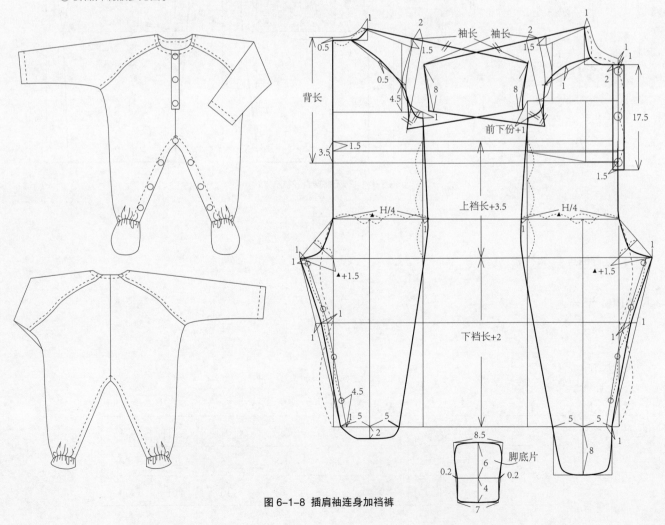

图6-1-8 插肩袖连身加裆裤

第二节 幼儿期

一、幼儿期特点（1~3岁）

1. 体型特征（图6-2-1）

此阶段的幼儿发育迅速，每年增高大约10cm，胸围每年增长2cm左右、腰围1cm左右，上裆长每年增长1cm左右，体型仍保留头大、颈短、凸肚、胸挺等特征。主要向纵向发展。幼儿皮肤娇嫩敏感，皮肤自我保护能力较差，对外界抗击打能力差，极易被外界的环境所侵害，因此，要求服装面料保护幼儿皮肤。

2. 生理特征

幼儿接受能力极强，性格不稳定，此阶段是性格塑造的极佳阶段，有一定的自我认知和判断，虽然不成熟，但是表现出较强烈的自主意识，特别是对色彩的偏好尤为明显。性别差别意识不强烈，但是能分辨出男女的不同，能通过说教服从成人的指令，是较为乖巧的阶段。

3. 行为特征

幼儿能够自主行走，活动范围变大，活动量明显增加，蹲、爬、滑、滚、坐是多数幼儿的习惯性动作；对各种新鲜事物有强烈的好奇心，喜欢模仿他人行为。因此，好的行为规范对幼儿影响深远。但幼儿明辨是非的意识还处于教授阶段，能准确接收成人的指令，并能按要求完成行为上的指令要求，有很强的效仿能力。

4. 心理需求

幼儿的心理需求较微妙，虽然明辨是非的自主判断能力较差，但能完整表达自身的喜怒哀乐，能为自己的需求做出努力抗争的意愿，有渴望被成人认可的主观需求。心理上希望独立的行为得到认可，在被否认时会做出积极的抗争，在抗争无果的情况下，会做出妥协，并能在下一次遇到同类事物时做出规避的行为，以此迎合成人的要求。

图6-2-1 幼儿期

二、服装设计要领

1. 面料

面料舒适性上多选择透气、柔软、吸湿性好的面料，面料性能上多选择耐磨、抗造，不易脏的面料。此阶段的面料选择有一定的面料场所分类。家居服一般选择对宝宝皮肤无刺激的细棉布、绒布、人造棉、丝织物等；外出活动服多选择耐磨、抗造、不易脏的厚质棉布、灯芯绒及毛纺、混纺等面料。

2. 色彩

由于对色彩敏感，此阶段的服装色系比婴儿期的丰富，家居服仍选择粉红、粉绿、粉蓝、粉黄等粉色调，外出服出现了耐脏的灰色调，如浅灰红、浅灰蓝、浅灰紫、浅灰黄等，鲜艳悦目且有遮瑕效果的亮色也较多，多以三原色为主进行色彩的拼接与调和。同时，亮色、灰色与纯度高的色系混搭的色彩配置也成为这一时期幼儿服装色彩的主流。

3. 图案

憨态可掬的小动物，如小熊、小兔、小猫等，仍然是此阶段的主要装饰图案，但是男女性别的差异明显，女幼儿服装多用花卉类图案，男幼儿服装多用动物类图案和几何纹样图案。同时，受外界的影响，电视、电脑等电子产品中的卡通人物也是此阶段幼儿喜闻乐见的事物之一，如女幼儿对天线宝宝的喜爱和男幼儿对奥特曼的喜爱，此类卡通人物或超人形象也可成为幼儿服装图案的选择。

4. 款式设计

幼儿的活动量增加，其服装款式设计主要以舒适、放松，能增加活动量的运动性服装款式为主，设计上多为 A 型、H 型、O 型，此时的幼儿虽然有一定的审美自我意识，但多屈从于父母的决定，自主权仍掌握在成人的手里。因此，在款式设计上要遵从不同品位父母的心理需求。款式设计上逐渐丰富，女幼儿服装多为连衣裙或上下分开的上衣下裤装，男幼儿服装为上下分开的服装形制，其共性：门襟为单开襟；领为扁领、连体企领（小翻领）；袖为中式袖、一片袖和插肩袖。

5. 结构制版

结构线不再受限制，且出现少量装饰线，版型上女幼儿服装多为 A 型，男幼儿服装多为 H 型和 O 型。

6. 工艺制作

可用阴线，也可用明线，活动量大、易磨损的部位会用耐磨抗造的双明线，如膝盖、肘部等。

7. 装饰

装饰物增多，如蕾丝、抽褶、立体型口袋、扣袢等，多以活泼的小动物、花卉及英文字母等图案点缀。

三、原型结构制版（图 6-2-2）

号型 100/54A

净胸围 54cm

背长 23cm

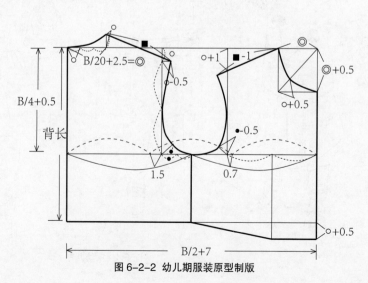

图 6-2-2 幼儿期服装原型制版

四、幼儿期服装

（一）幼儿半袖上装

1. 结构特点

半袖、无领，有装饰带和装饰口袋，整体造型简洁有趣。

2. 规格尺寸（表 6-2-1）

表 6-2-1 幼儿半袖上装规格尺寸 （单位：cm）

号型	部位名称	胸围	衣长	背长	袖长
90/52A	净体尺寸	52	38	21.5	30
	成衣尺寸	66	38	21.5	10

3. 结构制版（图 6-2-3）

（1）前后肩线。前后肩线上升 1.5cm，后肩出 1cm，形成微落肩形式，直线连接后颈侧点；前肩点上升 1.5cm，前肩线长 = 后肩线长，直线连接前颈侧点。

（2）前后领围线。前颈侧点出 2cm，前颈窝点下降 2cm，曲线连接；后颈侧点出 2cm，后中心线下降 1cm，曲线连接。

（3）前后袖窿弧线。前片以前下份为基准与后腰围线对齐，后侧缝线下降 2cm，确定前后腋点，曲线连接前后肩点和腋点。

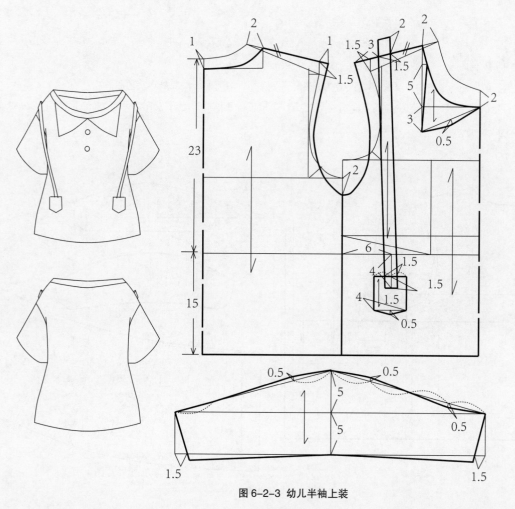

图 6-2-3 幼儿半袖上装

· 159 ·

（4）装饰领。前领深下降 3cm，确定装饰领尖长，前领深上升 5cm，直线连接；装饰领尖长与前领深直线连接，取 1/2 胖势 0.5cm。

（5）装饰口袋。以腰围线与侧缝线的交点为基点进 6cm，垂直下降 2.5cm，为袋口位置，袋宽 4cm，长 4cm，袋底尖角 0.5cm。

（6）装饰带。前肩点进 3cm，带宽 1.5cm，平行前肩线上升 2cm 为装饰带松量，1/2 口袋宽下降 1.5cm 为隐藏的装饰带部分。

（7）袖子。袖子制版与图 6-1-6 的袖子制版相同，在此不再赘述。

（二）幼儿罩衫

1. 结构特点

半袖、无领、高腰位，下摆外展褶裥，无侧缝，五粒纽扣。

2. 规格尺寸（表 6-2-2）

表 6-2-2 幼儿罩衫规格尺寸 （单位：cm）

号型	部位名称	胸围	衣长	背长	袖长
90/52A	净体尺寸	52	38	21.5	30
	成衣尺寸	66	38	21.5	7

3. 结构制版（图 6-2-4）

（1）前后肩线。肩顶点上升 1.5cm，向里收 1cm，前后肩线等长。

（2）前后领围线。前颈侧点外出 2cm，前中心线下降 2cm，曲线连接两点；后颈侧点外出 2cm，后中心线下降 1cm，曲线连接两点，与后中心线呈直角。

（3）前后袖窿弧线。前后袖窿深，后袖窿深下降 2cm，前袖窿深下降 2cm+ 前下份，曲线连接前后肩点。

（4）叠门与扣位。叠门宽 =1.2cm，前中心线下降 1.2cm 为第一个扣位，衣摆底边上升 6cm，两者之间的距离平均分成 4 份为剩下的 4 个扣位。

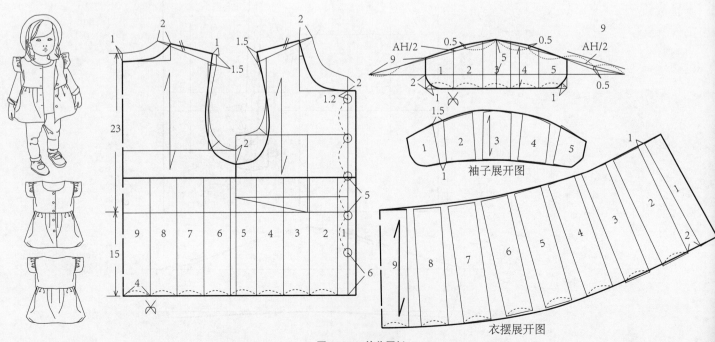

图 6-2-4 幼儿罩衫

（5）腰位。腰围线上升 5cm。

（6）将腰位以下部分平均分成 9 份，纸样上展 1cm，下展 2cm，曲线连接，形成上有活褶、下摆展开的造型，无侧缝。

（7）袖子。袖山高 =5cm，依图制版，前后斜线减掉 9cm，做袖中线的垂直线 =7cm，将袖纸样分成 5 份展开，上展 1.5cm，下展 1cm，曲线连接。

（三）幼儿套装（裙装）

1. 结构特点

上装，半袖泡泡袖、水兵领（扁领），前开门；下装，A 字裙，前后各两个工字褶，短裙，装饰蝴蝶结。

2. 规格尺寸（表 6-2-3）

表 6-2-3 幼儿套装（裙装）规格尺寸　　　　　（单位：cm）

号型	部位名称	胸围	衣长	袖长	腰围	臀围	裙长
90/52A	净体尺寸	52	33	30	51	54	29
	成衣尺寸	66	33	12	51	68	29

3. 结构制版（图 6-2-5）

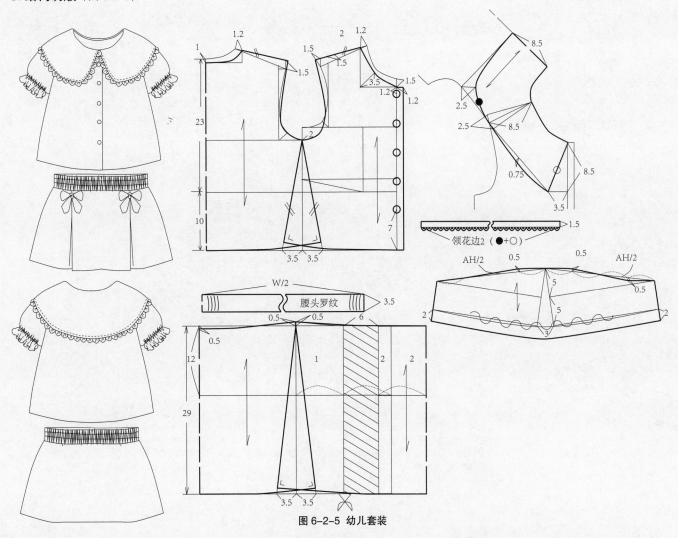

图 6-2-5 幼儿套装

161

（1）前后肩线。前后肩线上升 1.5cm，分别直线连接前后颈侧点。

（2）前后领围线。前颈侧点出 1.2cm，前颈窝点下降 1.5cm，曲线连接；后颈侧点出 1.2cm，后中心线下降 1cm，曲线连接。

（3）前后袖窿弧线。前片以前下份为基准与后腰围线对齐，曲线连接前后肩点和腋点。

（4）侧缝线。侧缝线辅助线分别向外展 3.5cm，直线连接腋点，曲线连接前后中心线，侧缝线与衣摆线呈直角。

（5）叠门与纽扣。叠门宽 1.2cm；前中心线颈窝点下降 1.5，前中心线与衣摆交点上升 7cm，中间线段平均分成 4 份为扣位。

（6）领子。扁领制版方法，前后肩线交叠 2.5cm，后领宽 8.5cm，前领深下降 8.5cm，以前中心线为基准进 3.5cm，直线连接至前中心线，前后肩线交叠 2.5cm 的 1/2 处取 8.5cm，直线连接前领线胖势 0.75cm，后领宽与后袖窿弧线的交角的角平分线 2.5cm，曲线连接各辅助点。

（7）领花边。宽 1.5cm。

（8）袖子。袖子制版与图 6-1-6 的袖子制版相同，在此不再赘述。因为袖子为袖山合体袖口有松紧带的蓬蓬袖，沿袖纸样中心线剪切展开 3cm，曲线修正袖口线，在 2cm 处抽松紧带。

（9）裙子。1/2 臀围，裙长 =29cm，1/2 半臀围为侧缝线辅助线，裙侧缝线上升 0.5cm，直线与裙侧缝线外展的 3.5cm 连接，裙后中心线向下测量 12cm 为臀围线，后中心线下降 0.5cm，前片宽的 1/2 处纸样剪切展开 6cm 为顺褶褶量；腰头宽 3.5cm。

（四）幼儿套装（裤装）

1. 结构特点

上装：假两件，长袖 + 背带短上装，袖口和衣摆为波浪状；下装：瘦腿裤，波浪裤口。套装主要包括吊带衫、长袖衫和长裤。

2. 套装款式图（图 6-2-6）

图 6-2-6 幼儿套装款式图

3. 幼儿套装——吊带衫（图 6-2-7）

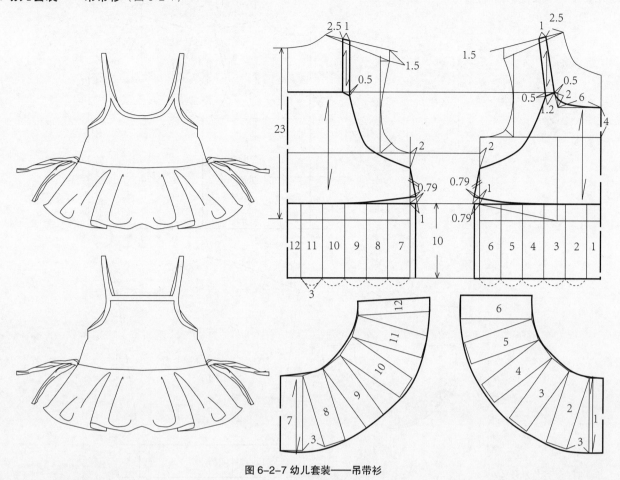

图 6-2-7 幼儿套装——吊带衫

（1）吊带衫规格尺寸（表 6-2-4）。

表 6-2-4 吊带衫规格尺寸 　　　　　　　（单位：cm）

号型	部位名称	胸围	衣长	背长	吊带宽
90/52A	净体尺寸	52	33	21.5	1
	成衣尺寸	66	33	21.5	1

（2）结构制版。

① 衣长。背长 +10cm。

② 腰围线。上升前下份。

③ 前后侧缝线。后腋点下降 2cm，前腋点下降前下份 +2cm，前后侧缝线外展 1cm，曲线连接高腰围线，侧缝线与高腰围线呈直角。

④ 下摆。高腰围线以下部分前后分成 12 份，剪开展开 3cm，曲线修正。

⑤ 前领与前袖窿弧线。前领，腰围线向上 4cm，向里进 6cm，上升 2cm，曲线连接前领围线；在前领上升 2cm 处作胸围线的平行线，宽度 1.2cm，下降 0.5cm，曲线连接后侧缝线。

⑥ 后领与后袖窿弧线。后肩线出 2.5cm，吊带宽 1cm，前领深上升 2cm 处作胸围线的平行线，交于后中心线上，后吊带宽作后中心线的平行线交于后领深，吊带宽与后领深相交处下降 0.5cm，曲线连接后侧缝线。

⑦ 前后吊带。前后肩线上升 1.5cm，分别直线连接前后侧点，修正前后肩线，前后颈侧点出 2.5cm，吊带宽 1cm，直线连接前后领。

4. 幼儿套装——长袖衫（图6-2-8）

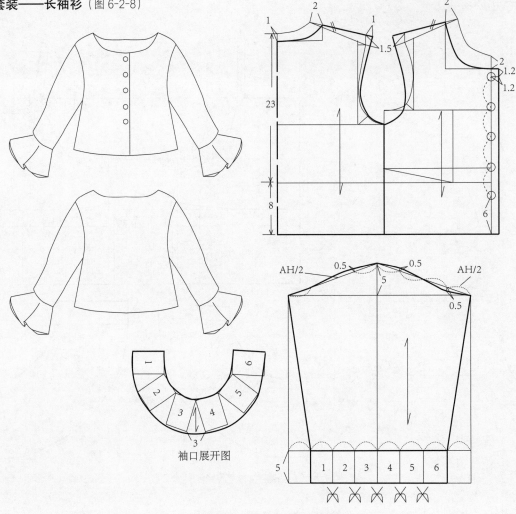

图 6-2-8 幼儿套装——长袖衫

（1）长袖衫规格尺寸（表6-2-5）。

表 6-2-5 长袖衫规格尺寸 （单位：cm）

号型	部位名称	胸围	衣长	背长	袖长
90/52A	净体尺寸	52	31	21.5	30
	成衣尺寸	66	31	21.5	32

（2）结构制版。

① 衣长=23（背长）+8=31cm（衣长为推荐数据，可根据设计需要设定衣长）。

② 前后肩线。后肩线上升1.5cm，后肩线外出1cm，形成微落肩，直线连接后颈侧点；前肩线上升1.5cm，直线连接前颈侧点，长度与后肩线等长。

③ 前后领围线。前肩线外出2cm，前颈窝点下降2cm，曲线连接两点；后肩线外出2cm，后中心线下降1cm，曲线连接两点。

③ 前后袖窿弧线。前片腰围线上升前下份，前后肩点曲线连接前后腋点。

④ 纽扣。前中心线下降1.2cm，叠门宽1.2cm，衣摆线与前中心线的交点上升6cm，将此线段平均分成5个扣位。

⑤ 袖子。前后袖斜线为前后袖窿弧线总长AH/2，袖山高5cm，前后袖弧线制版见图，袖长32cm，将前后袖口宽平均分成8份，前后袖缝线分别收1/8前后袖口宽。喇叭袖长5cm，按1/8份展开，展开量为3cm。

5. 幼儿套装——长裤（图 6-2-9）

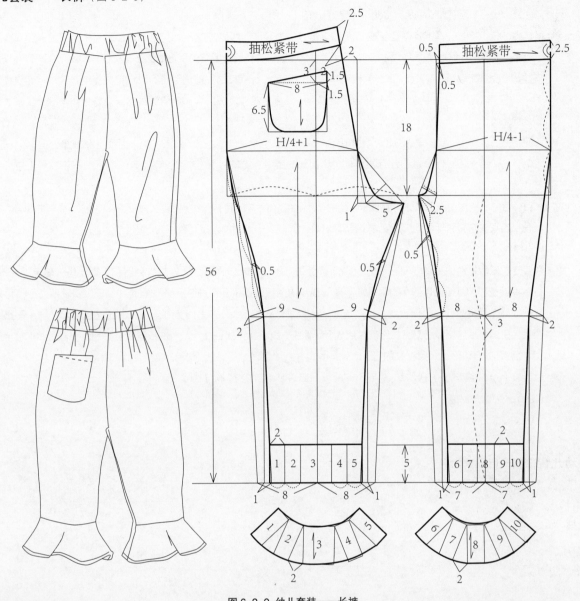

图 6-2-9 幼儿套装——长裤

（1）长裤规格尺寸（表 6-2-6）。

表 6-2-6 长裤规格尺寸　　　（单位：cm）

号型	部位名称	臀围	腰围	股上长	裤长	裤口宽
90/55A	净体尺寸	55	50	21	56	15
	成衣尺寸	70	52	21	56	15

（2）结构制版。

① 上裆长 18cm，1/3 上裆长为臀围线位，前臀围宽 =H/4-1cm，后臀围宽 =H/4+1cm。分别以此作长方形，确定裤装基础框架。

② 小裆。上裆长外出 2.5cm 为小裆宽，直线连接臀围线，前中心线与上裆长的交角引出线段垂直于此线段上，取此线段 2/3 为小裆弯线辅助线，曲线连接各点，完成小裆。

③ 前挺缝线与裤长。小裆宽 + 前臀围宽的 1/2，作臀围线的垂直线为前挺缝线，并在此线段上确定裤长 56cm。

④ 前中心线。前中心线向里进 0.5cm，下降 0.5cm，直线连接臀围线。

⑤ 髌骨线。上裆长至裤长 1/2 上升 3cm，作臀围线的平行线。

⑥ 前裤腿。以挺缝线为基准向两边各取 7cm；以挺缝线为基准向两边各取 8cm，直线连接各点，确定前裤腿基样。在前裤腿基样的基础上，髌骨线向里进 2cm，确定髌骨线宽，并作挺缝线的平行线交于前裤口辅助线上，再以此线为基点向里进 1cm，确定前裤口宽，直线连接前臀围线、髌骨线、裤口线，前侧缝线完成；前内侧缝线，小裆宽直线连接髌骨线，取其 1/3 向里凹势 0.5cm 曲线连接至髌骨线，再直线连接裤口线，内侧缝线完成。臀围线与髌骨线直线连接裤口线向上 5cm，将此线段长将裤口平均分成五份，纸样剪开展开 2cm。

⑦ 前裤腰围线。前中心线向里进 0.5cm，下降 0.5cm，直线连接侧缝线，腰头抽松紧带，因此不做省量处理。

⑧ 后中心线。后腰围线向里进 2cm，直线连接臀围线与后中心线辅助线的交点，向上延长 2cm，向下交于上裆长，并延长 1cm。

⑨ 大裆。后中心线辅助线下降的 1cm 处向外出 5cm（2/3 前后总裆宽）直线连接至后臀围线，后中心线辅助线与大裆宽的交角引出直线与斜线相垂直，长度为小裆弯线辅助点 -0.2cm，曲线连接至臀围线。

⑩ 后挺缝线。大裆宽 + 后臀围宽，作后臀围线的垂直线。

⑪ 后裤腿。以后挺缝线为基准左右各取 8cm，髌骨线向两边各取 9cm，直线连接大裆宽和后臀围线，确定后裤腿基样。在后裤腿基样的基础上以髌骨线为基准，侧缝线和内侧缝线向里分别进 2cm，作垂直线交于裤口辅助线上，再分别进 1cm，确定后裤口宽；后侧缝线，直线连接后髌骨线，线段 1/3 处向里凹势 0.5cm，曲线连接至髌骨线，再直线连接至后裤口线；后内侧缝线，直线连接大裆宽至髌骨线，线段 1/2 处进 0.5cm，曲线连接至髌骨线，再直线连接至后裤口宽。后裤口上升 5cm，平均分成 5 份展开 2cm。

⑫ 后口袋。挺缝线与腰围辅助线交点下降 3cm，口袋宽 8cm，过挺缝线 1.5cm，上升 1.5cm，形成斜向袋口，袋高 6.5cm，为圆角底边。

⑬ 前后腰头宽 2.5cm，做松紧带，因此不做省量处理。

（五）幼儿背带裤（图 6-2-10）

1. 结构特点

背带，前胸有口袋，有后袋，裤口为小筒，腰部有活褶，属于较宽松的背带裤装。

2. 规格尺寸（表 6-2-7）

表 6-2-7 幼儿背带裤规格尺寸　　　　（单位：cm）

号型	部位名称	臀围	腰围	股上长	裤长	裤口宽
90/55A	净体尺寸	55	50	21	56	16
	成衣尺寸	81	52	21	56	16

3. 结构制版

（1）前背带。

① 前后肩线上升 1.5cm，分别直线连接前后颈侧点，修正前后肩线，以前肩颈侧点高度为基点下降 27cm，确定背带裤腰围线。

② 前背带长上升 17cm 确定前背带领围线上平线，垂直前中心线取 4cm，下降 3cm，曲线连接。

③ 前领宽向外取 4cm，下降 1cm，直线连接前领宽；背带裤腰围线向里进 12cm，与外出的 4cm 直线连接。

④ 颈侧点向里进 2.5cm，再进 4cm 肩带宽，直线连接背带宽前片，并延长 5cm，肩带尖角 1cm。

（2）前裤片。

① 腰围线外出 3.5cm，上裆长 18cm，臀围线为上裆长的 1/3。

② 小裆宽 2.5cm，引出前中心线与小裆宽交角直线，垂直于小裆宽与臀围线的直线连接上，取此线段的 2/3，曲线连接，完成小裆弧线。

③ 前挺缝线。（前臀围宽 + 小裆宽）/2，与臀围线相垂直，长度为裤长。

④ 前裤口宽。裤口宽 /2-1cm。

⑤ 前髌骨线宽。前裤口宽 +2cm。

⑥ 前内外侧缝线。外侧缝线，臀围线胖势连接髌骨线，直线连接前裤口线；内侧缝线，小裆宽直线连接髌骨线，1/2 处凹势 0.5cm，凹势修正，直线连接前裤口宽。

⑦ 前裤片活褶。腰围线进 2cm，取活褶量 1.5cm，间隔 1.5cm，再取活褶量 1.5cm，以挺缝线为基准取活褶量 2.5cm，间隔 1.5cm，再取活褶量 2.5cm。

⑧ 前胸袋。腰围线上升 2cm，再上升 8cm 为口袋长度，宽度 6cm，口袋尖 1.5cm。

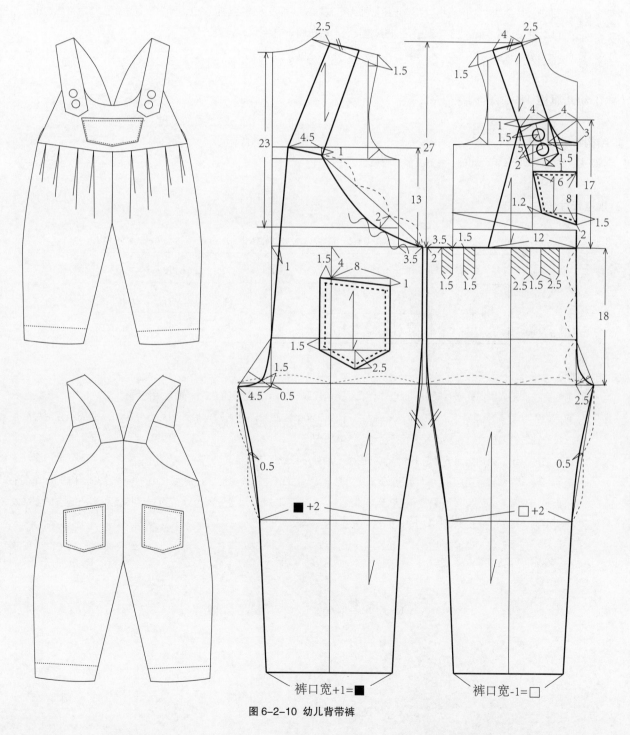

裤口宽+1=■   裤口宽-1=□

图 6-2-10 幼儿背带裤

（3）后背带。

　　① 腰围线上升 13cm，确定后背带长度，后中心线与腰围线的交点向里进 1cm，直线连接至后背带上平线。取 4.5cm，下降 1cm，直线连接；腰围处外展 3.5cm，直线连接背带宽，此线段 1/3 处垂直下降 2cm，曲线连接。

　　② 肩带。后颈侧点出 2.5cm，后肩带宽 4cm，直线与后片连接。后片腰围附近部分抽松紧带。

（4）后裤片。

　　① 后中心线倾斜，后腰围线进 1cm，直线连接至臀围线。

　　② 大裆弯线。大裆深，股上长下降 0.5cm，大裆宽 4.5cm，在后中心线与股上长交角处引出垂直于大裆宽至臀围线的直线上，长度 1.5cm，曲线连接。

　　③ 后裤口宽 = 裤口宽 +1cm。

　　④ 后髌骨线宽 = 后裤口宽 +2cm。

　　⑤ 后内外侧缝线。外侧缝线，胖势连接臀围线至髌骨线，再直线连接至后裤口线；内侧缝线，大裆宽直线连接至髌骨线，1/2 处凹势 0.5cm，凹势修正，再直线连接至后裤口线。前后侧缝线等长。

　　⑥ 后臀袋。挺缝线下降 4cm，作平行线，一侧下降 1cm，一侧外出 1.5cm，过臀围线下降 1.5cm，袋尖长 2.5cm。

（六）幼儿旗袍（图 6-2-11）

1. 结构特点

　　款式收身，装饰味较浓，短袖，中式立领，有腰省。

2. 规格尺寸（表 6-2-8）

表 6-2-8 幼儿旗袍规格尺寸　　　　（单位：cm）

号型	部位名称	胸围	臀围	腰围	裙长	袖长
90/52A	净体尺寸	52	55	50	60	15
	成衣尺寸	66	66	58	60	15

3. 结构制版

（1）前后肩线。前肩线向外出 0.5cm，原型中后肩线比前肩线长 1cm，剩下的 0.5cm 前后肩线缝制吃势。

（2）前后领围线。前领颈侧点出 0.5cm，前中心线下降 0.5cm，曲线连接画顺；后颈侧点出 0.5cm，曲线连接后中心点画顺。衣身领围线稍微加大，有利于儿童脖颈活动量的增加。

（3）前后袖窿弧线。前袖窿深下降前下份，曲线画顺；后袖窿弧线保持不变。

（4）前后腰省、侧缝省。前腰省，以胸高点垂直线为基线下降 3cm 为前省尖位，省量大 1cm，腰臀省尖位下降 5cm，直线连接各点；后腰省，1/2 背宽为省位，长度至胸围线，腰臀省下降 8cm，省量大 1cm，直线连接各点；侧缝省，省量大 2cm，上省尖在腋下，下省尖为臀围线上升 3cm，直线连接各点。

（5）后拉链。后中心线与臀围交点上升 5cm 为拉链结束点。

（6）开衩。衩长 13cm，宽 2cm。

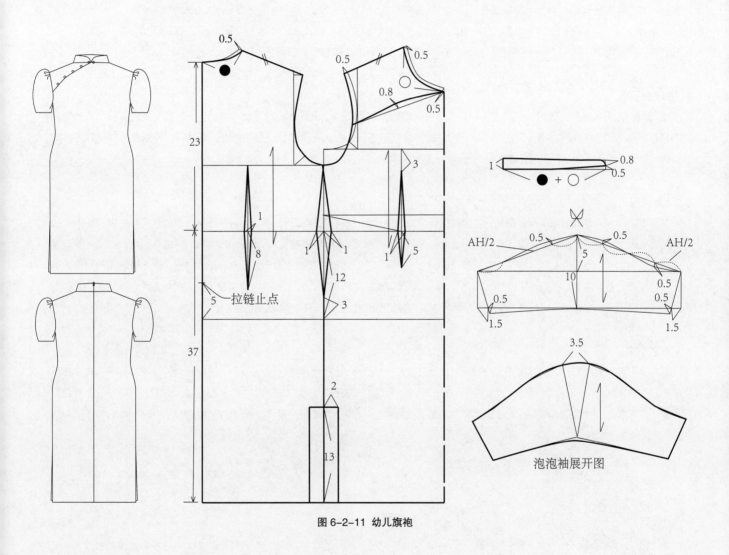

图 6-2-11 幼儿旗袍

0.5

0.5   0.5

0.8

0.5

23

1

8

1 1

1 5

拉链止点

12

5

3

2

37

13

1   0.8

0.5

● + ○

AH/2   0.5   0.5   AH/2

5

0.5

10

0.5

0.5   0.5

1.5   1.5

3.5

泡泡袖展开图

第三节 学龄前期

一、学龄前期儿童特点（4~6岁）

1. 体型特征

学龄前儿童的体型特征为腰挺、凸腹、肩窄、四肢短，胸、腰、臀三者之间的围度尺寸差不大，身高增长较快，而围度相对增长较慢。身高每年大约增高 6cm，体重增加 2~3kg，胸围增长 2cm 左右，腰围增长 1cm 左右，手臂长增长 2cm 左右，上裆长每年也增长 1cm，身体与头高比也逐年增加，5 岁时约 5.2 头身，颈部略变长，肩部依然窄小，但厚度变薄，凸腹程度比幼儿有所减小。皮肤仍然娇嫩敏感，易受外界影响，抵抗外力作用较差，对服装面料要求依然很高。

2. 生理特征

此阶段的儿童接受能力极强，性格趋于稳定，有一定辨别是非的能力，自我认知较强，对事物有一定的自我理解和自我把控能力，是性格塑造的极佳阶段，有一定的自我认知和判断，虽然不成熟，但是表现出较强烈的自主意识，特别是对色彩的偏好尤为明显。性别差别意识不强烈，但是能分辨出男女的不同，能通过说教服从成人的指令，是较为乖巧的阶段。

3. 行为特征

学龄前儿童多为幼儿园小朋友，有幼儿学习的过程，幼儿园的纪律性和较浅知识的学习促进了儿童行为的规范与约束。但此阶段儿童活动量很大，对很多事物感兴趣，有一定的取舍，对事物的判断更自我，并对成人不允许的行为有一定的克制能力，由于受外界影响较大，对视频中出现的人和事物，有很强的模仿能力，并希望通过自己的坚持和意志力来改变成人对自己的约束。有一定的审美取向，男女行为差异明显，女童趋于文静乖巧，男童趋于活泼好动，并希望通过自己的行为得到成人的信任与认可。此阶段的儿童不再出现随意爬、滚、坐等无边界行为，更多的是自我克制，有目的地去进行一些有故事情节的活动。

4. 心理需求

学龄前儿童具有初期教育的基础，有自我规范行为的意识，接受知识的能力增强。由于受外界影响较大，此阶段儿童具有模仿崇拜的心理需求，如对某个动画片里的英雄人物等，有一定的审美能力，喜恶明显，体现出较为固执的性情，力图通过自己的坚持得到成人的认可和信任，并能采用一定的策略实现自己的愿望。此阶段是儿童心理成长的重要阶段，也是性格塑造的重要时期。

图 6-3-1 学龄前儿童

二、服装设计要领

1. 面料

与幼儿的面料选择基本相同，以舒适性好和耐磨抗造的面料为主。儿童家居服多选择对宝宝皮肤无刺激的细棉布、绒、人造棉、丝织物等面料；外出活动服多选择耐磨抗造不易脏的厚质棉料、牛仔、灯芯绒、毛纺、混纺及化纤类面料。

2. 色彩

此阶段的儿童色彩选择倾向性更加明显，女童多选择粉色系或纯度较高的暖色系；男童以纯度高的冷色系为主。当然冷色与暖色协调搭配也是这一时期的主流，耐脏的灰色系也运用较多。

3. 图案

除了憨态可掬的小动物之外，动画片里的卡通人物形象也成为这一阶段的童装的主流，抽象的艳丽几何纹样也很多见，与幼儿时期的图案需求基本相同，但更趋于成人化。

4. 款式设计

此阶段的儿童服装款式设计面较宽泛。活动量较大，款式设计以舒适、宽松为主，女童服装多为 A 型，同时出现较为成人化的 X 型；男童服装仍以 H 型、O 型为主，同时 T 型的夹克造型也较多。由于颈部拉长，领型也由幼儿时期的扁领、连体企领逐渐增多为分体企领（衬衣领）、立领，甚至出现翻驳领；袖型有一片袖、插肩袖和两片袖。

5. 结构制版

在不妨碍功能性的基础上添加装饰线，结构上的点、线、面、体更加丰富。由于活动量较大，耐磨损的区域会采用特殊面料或多层面料。

6. 工艺制作

工艺制作要求与幼童时期的工艺要求基本相同，主要以阴线为主，穿插明线和双缝线。

7. 装饰

装饰物中活泼可爱的小动物、花卉逐渐减少，男女服装饰区分明显，女童服装以蕾丝、抽褶、花边等装饰物的添加为主，男童服装多以立体型口袋、扣袢等。

三、学龄前原型结构制版（6 岁）(图 6-3-2)

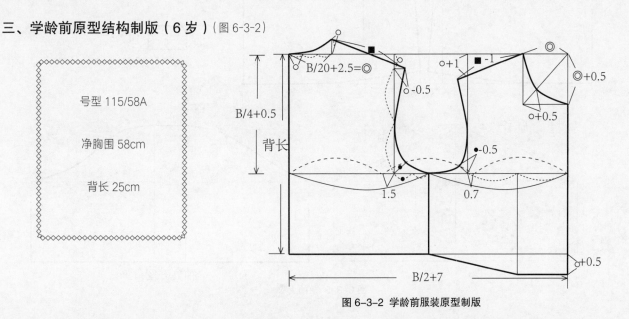

号型 115/58A

净胸围 58cm

背长 25cm

图 6-3-2 学龄前服装原型制版

四、学龄前服装

（一）短袖上衣 （图6-3-3）

1.结构特点

小A型，宽松，中袖，扁领，
领上有蝴蝶结，5粒扣。

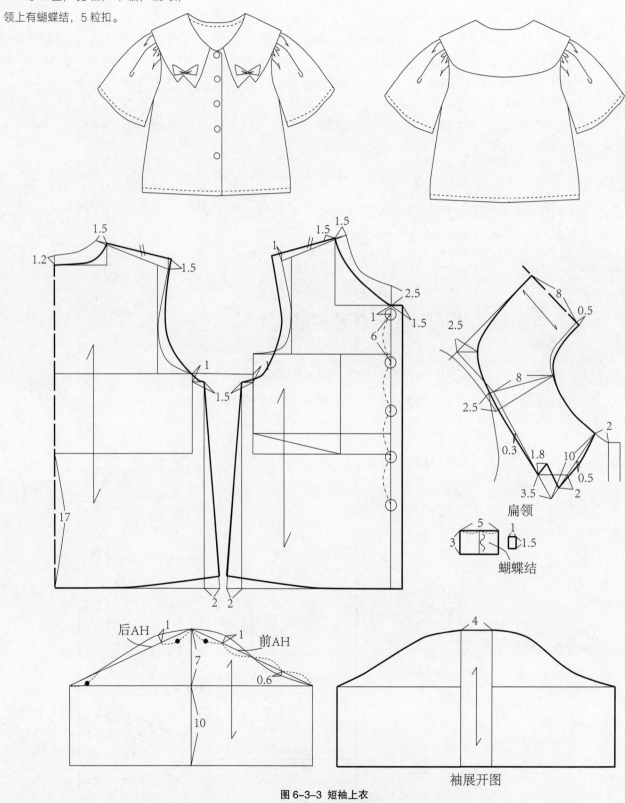

图 6-3-3 短袖上衣

2. 规格尺寸（表6-3-1）

表6-3-1 短袖上衣规格尺寸　　　　　　（单位：cm）

号型	部位名称	胸围	衣长	背长	袖长
110/56A	净体尺寸	56	42	24	34
	成衣尺寸	76	42	24	17

3. 结构制版

（1）衣身后长下降17cm。

（2）前后肩线。前肩点上升1cm，后肩点上升1.5cm，分别与前后颈侧点直线连接，前后肩线等长。

（3）前后领围线。前领颈侧点出1.5cm，前中心线下降2.5cm，曲线连接画顺；后颈侧点出1.5cm，后中心线下降1.2cm，曲线画顺。

（4）叠门宽与纽扣。叠门宽1.5cm；扣位，前领线下降1cm为第一个扣位，以此为基点取其余4个扣位，间距至6cm。

（5）前后袖窿弧线。后腋点下降1cm，出1.5cm，曲线画顺至后肩线；前腋点下降前下份+1cm，出1.5cm，曲线画顺至前肩线。

（6）前后侧缝线。前后侧缝辅助线外展2cm，直线连接前后衣片腋点。

（7）扁领。前后肩线交叠2.5cm，后领中心线上升0.5cm，后领宽8.5cm，作后中心线的垂直线，肩领宽辅助线取8cm，直线连接后领宽辅助线。交角角平分线取2.5cm，前领宽辅助线取10cm，与肩领宽辅助线直线连接，取3.5cm，所剩至肩领宽辅助线的线段的1/2垂直上升0.3cm，曲线连接各点完成扁领部分外围线；领嘴造型线，前领宽辅助线上升3.5cm，作前领宽辅助线的平行线1.8cm，同时作水平线交于前领宽辅助线上，并下降2cm，直线连接1.8cm，前领宽1/2处胖势0.5cm，曲线连接领嘴。

（8）蝴蝶结。长5cm、宽3cm的长方形，中间抽褶，由长1.5cm、宽1cm布片固定成蝴蝶结造型。

（9）袖子。一片袖制版方法，在此不再赘述，袖山高7cm，袖长17cm，将纸样袖中线剪开打开4cm，形成宽松式直筒泡泡袖的造型。

（二）长袖上衣（图6-3-4）

1. 结构特点

小A型，中款，前中工字褶，领口螺纹口，微喇叭袖，袖有抽褶，镶边。

2. 规格尺寸（表6-3-2）

表6-3-2 长袖上衣规格尺寸　　　　　　（单位：cm）

号型	部位名称	胸围	衣长	背长	吊带宽
90/52A	净体尺寸	52	33	21.5	1
	成衣尺寸	66	33	21.5	1

3. 结构制版

（1）衣身后长下降17cm。

（2）前后肩线。前肩点上升1cm，后肩点上升1.5cm，分别与前后颈侧点直线连接，前后肩线等长。

（3）前后领围线。前领颈侧点出1.5cm，前中心线下降2.5cm，曲线连接画顺；后颈侧点出1.5cm，后中心线下降1.2cm，曲线画顺。螺纹口宽1.5cm，与领围线相平行。

（4）前工字褶。前中心线下降1.5cm+2.5cm，出3cm。

（5）前后袖窿弧线。后腋点下降 1cm，曲线画顺至后肩线；前腋点下降前下份 +1cm，曲线画顺至前肩线。

（6）前后侧缝线。前后侧缝辅助线外展 2cm，直线连接前后衣片腋点。

（7）袖子。一片袖制版方法，在此不再赘述。前后袖缝线外出 3.5cm，直线连接前后袖窿弧线，起翘曲线修正袖口线，前后袖缝线与袖口线成直角，袖衩长 7.5cm，镶边宽 1.5cm。横向开衩位，以袖中心线为基点长度 15cm 抽褶。

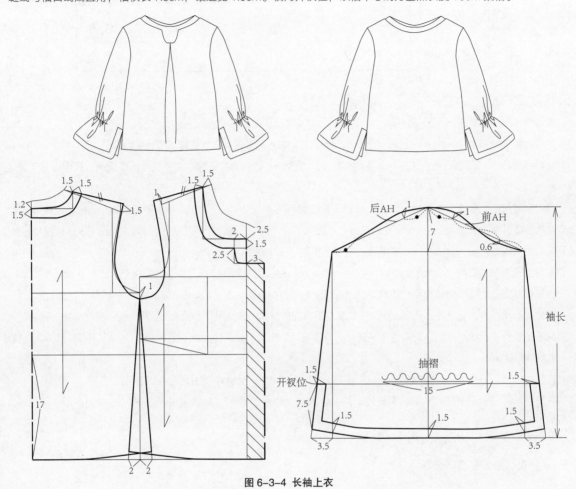

图 6-3-4 长袖上衣

（三）马甲（图 6-3-5）

1. 结构特点

直身，中短款，前长后短，侧缝凹势，无侧缝线细腰，细腰有蝴蝶结。

2. 规格尺寸（表 6-3-3）

表 6-3-3 马甲规格尺寸 （单位：cm）

号型	部位名称	胸围	衣长	背长
110/56A	净体尺寸	56	37	24
	成衣尺寸	70	37	24

3. 结构制版

（1）衣身后长下降 13cm，前中心线在此基础上下降前下份的长度。

（2）前后肩线。前后肩点上升 1.5cm，分别与前后颈侧点直线连接，肩线长 5cm。

（3）前后领围线。前领颈侧点出 1.5cm，前中心线下降 7cm，曲线连接凹势 1.2cm 画顺；后颈侧点出 1.5cm，后中心线下降

1cm，曲线画顺。

（4）叠门宽与纽扣。叠门宽 1.2cm；扣位，前中心线上升 8cm，领围线与前中心线相交的点下降 1.2cm，两点之间的线段平均分成 4 份，确定 5 粒纽扣位置。

（5）前后袖窿弧线。腋点下降 1.5cm，曲线与前后肩线画顺。

（6）蝴蝶结。后腰围线取 10cm，细腹线各出 2cm；系扎蝴蝶结附件，宽 1.5cm、长 5cm 的长方形。

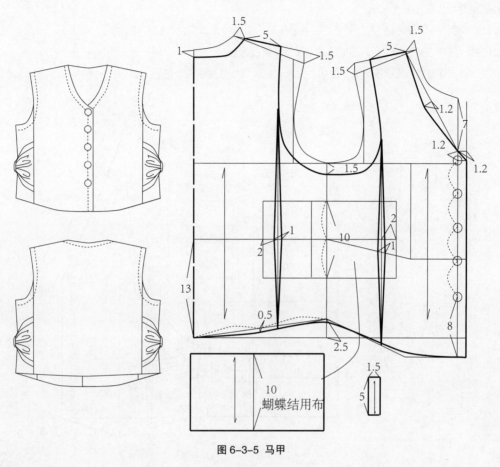

图 6-3-5 马甲

（四）吊带马甲（图 6-3-6）

1. 结构特点

短款，吊带，V 领，三粒扣，收腰，下摆呈尖角，有装饰挖袋。

2. 规格尺寸（表 6-3-4）

表 6-3-4 吊带马甲规格尺寸 （单位：cm）

号型	部位名称	胸围	衣长	背长
110/56A	净体尺寸	56	29	24
	成衣尺寸	70	29	24

3. 结构制版

（1）前后衣长。后衣长，后腰围线下降 5cm；前衣长，前中心线下降前下份。

（2）叠门和纽扣。前中心线下降 7cm，再下降 1.2cm 为第一个扣位，前衣长上升 3cm 为第三个扣位，平均两点之间的距离，确定三个扣位，叠门宽 1.2cm。

（3）前领。立领止点，前中心线下降 7cm+1.2cm，交于叠门处；前肩点上升 1.5cm，修正前肩线辅助线；颈侧点向后 1.5cm，同时在颈侧点延长肩线 0.5cm，与后取的 1.5cm 形成 2cm 的颈侧点领宽，直线连接叠门宽、颈侧点宽，并适当延长；作此线段的平行线，长度为后领围线长；作此线段的垂直线，长度为 2.5cm，直角后领围宽，并曲线画顺至立领止点。

（4）省。后省，侧缝线向后 6.6cm，上升 7cm，腰围取省量大 1cm，下摆取省量大 0.5cm；前省，胸位线辅助线向后 4cm，上省尖长为胸围线以上 3.2cm，省量大 1cm，衣摆省量大 0.5cm；侧缝省，上省尖长，后腋点下降 1.5cm，前后侧缝省量大各 1cm，侧缝衣摆省量大 0.5cm。

（5）前衣身及后背弧线。腰围线上升 3cm，为后中心线宽；肩颈点直线连接至侧缝辅助线，1/2 处垂直 4cm，曲线连接至后中心线。注意：曲线连接过前、后、侧缝三省拼接线长度要等长。

（6）前后衣摆。胸位辅助线下降前下份长，为前片尖角长度，曲线连接各点。注意：各省长度要等长。

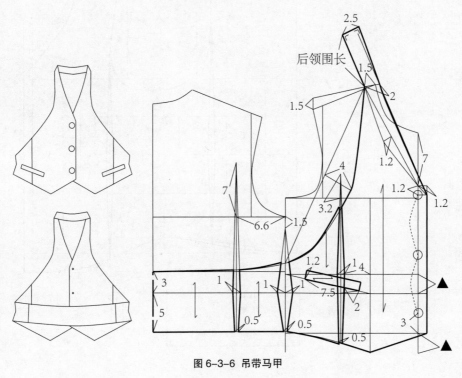

图 6-3-6 吊带马甲

（五）衬衫（图 6-3-7）

1. 结构特点

直身，过肩，后有育克，有胸袋，单叠门，明门襟，前后长侧缝凹势，分体企领，袖衩，袖头。

2. 规格尺寸（表 6-3-5）

表 6-3-5 衬衫规格尺寸　　　　　　　　（单位：cm）

号型	部位名称	胸围	背长	衣长	袖长	袖口
110/56A	净体尺寸	56	24	43	34	18
	成衣尺寸	70	24	43	37.5	18

3. 结构制版

（1）衣身后长，在背长的基础上下降 19cm。

（2）叠门和纽扣。前中心线下降 5cm 为第一个扣位，每间隔 6cm，作为一个扣位，共 5 粒扣；明门襟，以前中心线为基准左右各取 1.5cm，其中叠门宽 1.5cm。

（3）前后肩线。前肩线，以前肩点为基点上升1cm，直线连接前颈侧点，与后肩线等长；后肩线，以后肩点为基点上升1.5cm，直线连接后颈侧点。

（4）前后领围线。前领围线，前颈侧点向外出0.5cm，前中心线下降0.5cm，曲线连接画顺；后领围线，后颈侧点向外出0.5cm，曲线连接画顺，与后中心线垂直。

（5）前后袖窿弧线。后片腋点下降1cm，前片腋点下降前下份+1cm，分别曲线连接前后肩点。

（6）过肩。前领围线的颈侧点下降3.5cm，前肩点下降3.5cm，直线连接，将前片的肩部纸样剪切与后肩肩线合并形成过肩形态。

（7）后片育克与箱型褶裥。后中心线下降6.5cm，垂直出3cm，直线连接至后袖窿弧线。

（8）衣摆。侧缝线上升4.5cm，曲线连接后中心线和前叠门。

（9）胸袋。胸宽线向前进2cm，袋口宽6.5cm，一侧长7cm，另一侧长7+1.5cm，袋底曲线画顺。

（10）分体企领。领座：领长＝后领围线＋前领围线，领座高2cm，前中心起翘1.2cm，叠门宽1.5cm，前领座宽1.5cm，领座上下围线与后中心线垂直；领面：在领座高的基础上，后中心起翘1.5cm，后领面宽3cm，前领面宽4cm，领面上下围线与后中心线垂直。

（11）袖子。基础线长＝袖长－袖头宽；袖山高7cm，以袖山顶点为基点测量前袖窿弧线长确定前袖斜线和前袖宽，靠近袖山高的前袖斜线1/4处垂直上升1cm，靠近前袖宽的前袖斜1/4处垂直下降0.6cm，曲线连接画顺；以袖山顶点为基点测量后袖窿弧线长确定后袖斜线和后袖宽，袖顶点向下测量1/4前袖斜，垂直上升1cm，后袖宽与后袖斜交点上升1/4前袖斜，曲线连接画顺并与此点相切；袖头，袖头长18cm，袖头宽4.5cm，左右各1cm袖口叠门宽，袖口圆角曲线连接，横向丝缕。

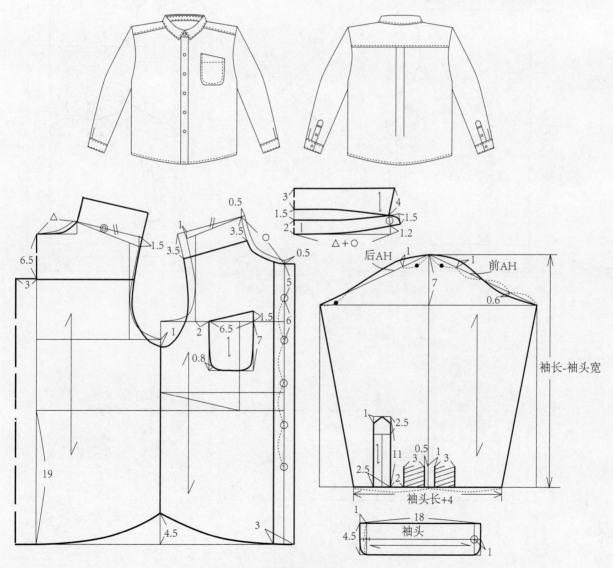

图 6-3-7 衬衫

（六）夹克（图6-3-8）

1. 结构特点

T型，中短款，下摆有育克，插肩袖，连体企领，两个胸贴袋，两个插袋，单叠门明门襟7粒扣。

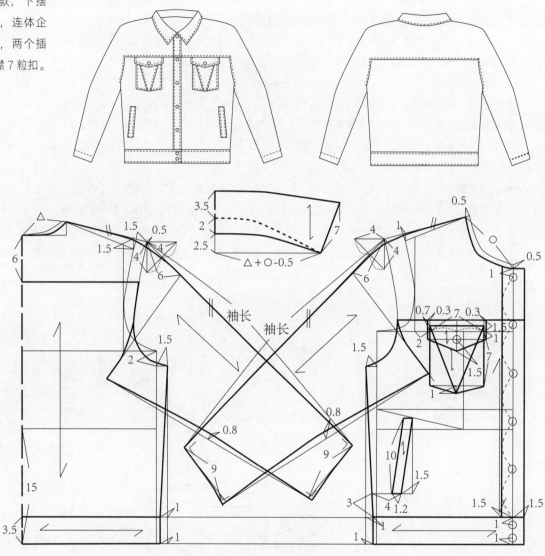

图6-3-8 夹克

2. 规格尺寸（表6-3-6）

表6-3-6 夹克规格尺寸 （单位：cm）

号型	部位名称	胸围	背长	衣长	袖长	袖口宽
110/56A	净体尺寸	56	24	39	34	9
	成衣尺寸	76	24	39	38	9

3. 结构制版

（1）衣身后长下降15cm。

（2）叠门和纽扣。叠门宽1.5cm，明门襟，以前中心线为基准两边各取1.5cm；前中心线下降0.5cm，下降1cm为第一个扣位，到衣摆育克之间的距离平均分配，确定 5 粒扣位，衣摆育克上下各取 1cm，为衣摆育克扣位。

（3）前后肩线。后肩线肩点上升 1.5cm，直线连接至后颈侧点，延长 1.5cm；前肩线肩点上升 1cm，直线连接至前颈侧点，延长至与后肩线等长。

（4）前后领围线。前领围线，前颈侧点向外出 0.5cm，前中心线下降 0.5cm，曲线连接画顺；后领围线，后颈侧点向外出 0.5cm，曲线连接画顺，与后中心线垂直。

（5）前后袖窿弧线。后片腋点下降 2cm，前片腋点下降前下份 +2cm，分别曲线连接前后肩点。

（6）前后插肩袖。前后袖斜线，前后肩点作胸围平行线 4cm，再作此线段的垂直线，连接成直角等腰三角形，取斜边 1/2 直线连接前后肩点长度为袖长，曲线连接画顺至袖长线；前后袖山高，前后袖山高 6cm，作前后袖斜垂直线；前衣袖公共线及袖窿弧线，胸围线上升 1.5cm，直线连接至前袖窿弧线，曲线连接至前袖宽线，长度与所剩前袖窿弧线等长；后衣袖公共线及袖窿弧线，后中心线下降 6cm，直线连接至后袖窿弧线，曲线连接至后袖宽线，长度与所剩后袖窿弧线等长；前后袖口线，前后袖口宽 9cm，垂直连接前后袖斜线和插肩袖宽线。前后袖缝线，凹势 0.8cm，与袖口线相垂直。

（7）前后衣摆育克。前后衣长上升 3.5cm，前后侧缝进 1cm。

（8）胸贴袋。胸宽线向前中心线进 2cm，袋长 7cm，超过胸围线 0.7cm，贴袋袋底中心部位下降 1cm，直线连接贴袋底宽；袋身装饰线，左右袋宽与袋底中心线直线连接；袋盖，贴袋口上升 0.8cm，两边外出 0.3cm，袋盖长 2.5cm，盖底尖角为中心线下降 1.5cm，直线连接完成。

（9）插袋。衣长上升 3cm，向里进 4cm，贴布宽 1.2cm，袋斜 1.5cm，袋长 10cm，直线连接各点。

（10）连体企领。领长，前后领围线 -0.5cm；后领起翘 2.5cm；后领座高 2cm；后领座宽 3.5cm，前领面宽 7cm，与领下围线相垂直。

（七）风衣（图 6-3-9）

1. 结构特点

A 型，中长款，双排扣，肩部有两个顺褶，领部有一个顺褶，扁领，斜插袋，袖口上翻，双排叠门 3 粒扣。

2. 规格尺寸（表 6-3-7）

表 6-3-7 风衣规格尺寸 （单位：cm）

号型	部位名称	胸围	背长	衣长	袖长	袖口宽
110/56A	净体尺寸	56	24	53	34	10
	成衣尺寸	76	24	53	38	10

3. 结构制版

（1）衣身后长下降 29cm。

（2）叠门和纽扣。叠门宽 5cm，双排扣，以前中心线为基准左右取 3.5cm，纽扣间距 10cm。

（3）前后肩线。后肩线肩点上升 1.5cm，直线连接至后颈侧点，延长 1.5cm；前肩线肩点上升 1cm，直线连接至前颈侧点，延长与后肩线等长。

（4）前后领围线。前领围线，前颈侧点向外出 1.5cm，前中心线下降 1.5cm，曲线连接画顺；后领围线，后颈侧点向外出 1.5cm，后中心线下降 1cm，曲线连接画顺。

（5）前后袖窿弧线。后片腋点下降 2cm，外出 1.5cm，曲线连接画顺后肩点；前片腋点下降前下份 +2cm，外出 1.5cm，曲线连接前肩点。

（6）前后侧缝线。衣摆外出 2cm，直线连接后腋点；衣摆外出 2cm，直线连接前腋点。

（7）前后衣身褶裥。前中心线进 5.7cm，作前中心线的平行线，肩线进 2.5cm 作前中心线平行的第二条辅助线，再过 2.5cm 作

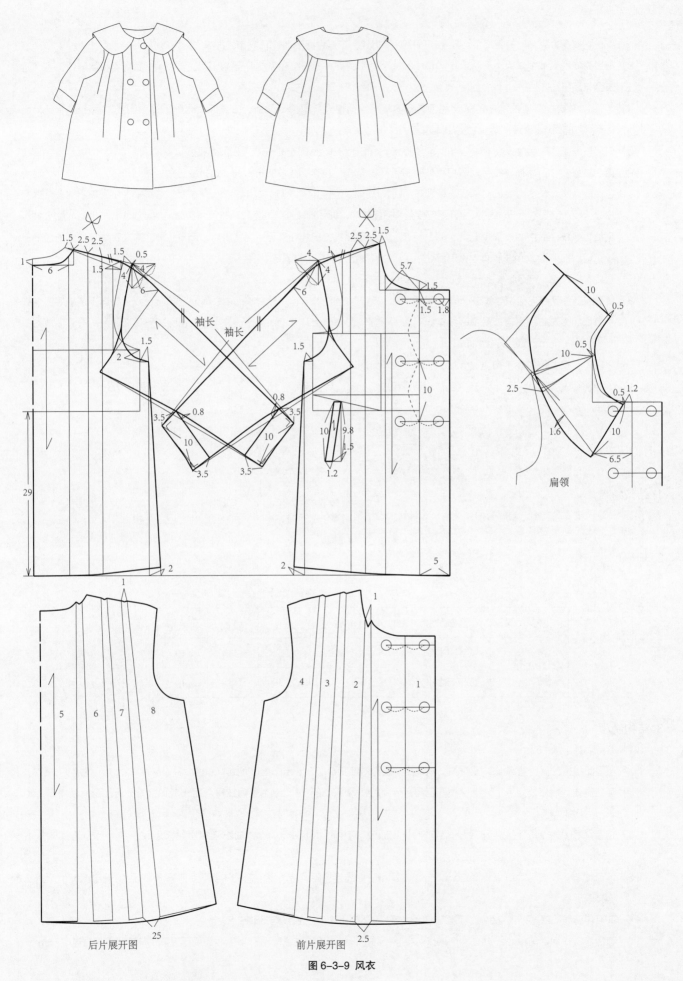

扁领

袖长　袖长

29

1.5　2.5 2.5
1　6　1.5
1.5　4　0.5
4　6　1.5
2　1.5
3.5　0.8　0.8　3.5
10　10
3.5　3.5

2.5 2.5 1.5
4　1
4
6　1.5
5.7
1.5
1.5 1.8
10
1.5
10　9.8
1.2　4.5
1.2
5

10　0.5
0.5
10　0.5 1.2
2.5
1.6　10
6.5

2

后片展开图　　　　前片展开图

5　6　7　8
4　3　2　1

25　　2.5

图6-3-9 风衣

第三条与前中心线平行的辅助线，将前片纸样上的这三条辅助线剪开上展1cm、下展2.5cm；后中心线进6cm，作与后中心线相平行的第一条辅助线，后领围线与肩线交点出2.5cm作与后中心线相平行的第二条辅助线，再过2.5cm作第三条与后中心线相平行的辅助线，将后片纸样上的这三条辅助线剪开打开上展1cm、下展2.5cm，制作时将打开展开的量以顺褶的形式收起，形成领部和肩部共三条竖向的活褶形式。

（8）插袋。腰围线下降9.8cm，向侧缝线进1.5cm，贴布宽1.2cm，袋口宽10cm。

（9）扁领。前后肩线交叠2.5cm；后中心线上延0.5cm，颈侧点外出0.5cm，前领中心点进1.2cm，下降0.5cm，后领宽10cm，肩部领宽10cm，前领宽10cm，曲线画顺连接各点。

（10）前后袖子。前后袖斜线与图6-3-5制版相同，袖山高6cm，相交于前后袖窿弧线，前后袖弧线画顺分别与前后袖宽线相切，长度与袖窿弧线等长；袖口宽10cm，袖缝线凹势0.8cm。

（八）长裤（图6-3-10）

1. 结构特点

长裤，松紧带裤腰，前片贴袋，后片挖袋，窄腰头。

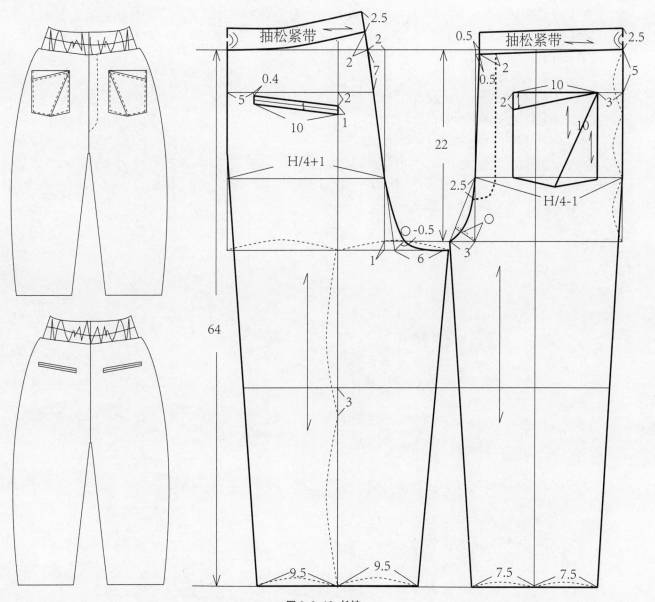

图6-3-10 长裤

2. 规格尺寸（表 6-3-8）

表 6-3-8 长裤规格尺寸 （单位：cm）

号型	部位名称	腰围	臀围	股上长	裤长	裤口宽
110/52A	净体尺寸	52	59	21.5	62	17
	成衣尺寸	52	69	21.5	64	17

3. 结构制版

（1）基础线。前臀围线 =H/4-1cm，后臀围线 =H/4+1cm，股上长 22cm，股上长 1/3 为臀围线。

（2）前后中心线。前中心线，前腰围上平线进 0.5cm，下降 0.5cm，直线连接臀围线；后中心线，后上平线进 2cm，直线连接臀围线，后腰延长 2cm。

（3）大小裆线。小裆线，小裆宽 3cm，直线连接至臀围线，形成直角三角形，斜边垂直线 2/3 确定辅助点，曲线连接前中心线、辅助点、小裆宽线；大裆线，延长后中心线交于股上长线并延长 1cm，大裆宽 6cm，角平分线长为 2/3 斜边垂直线 -0.5cm，曲线连接后中心线、辅助点、大裆宽线。

（4）前后挺缝线。前挺缝线，前臀围宽 + 小裆宽的 1/2；后挺缝线，后臀围宽 + 大裆宽的 1/2。同时，上交于前后上平线，并确定裤长 =64cm。

（5）前后裤口线。前裤口宽 15cm，后裤口宽 19cm。

（6）前后侧缝线。前后臀围线分别直线连接前后裤口线。

（7）前后内侧缝线。前后大小裆线分别直线连接前后裤口线。

（8）腰头。腰头宽 2.5cm，前后侧缝处无拼接线。

（9）前贴袋。侧缝线进 3cm，袋口长宽各 10cm。作装饰线，袋口下降 2cm，直线连接口袋宽，口袋宽直线连接口袋底。

（10）挖袋。后腰围辅助线与后中心线交点下降 7cm 作臀围线平行线交于侧缝线，侧缝线进 5cm，下降 0.4cm，挺缝线下降 2cm，挖袋长 10cm，牙口上下宽 0.5cm。

第四节 学龄期

一、学龄期（7～12岁）

1. 体型特征（图 6-4-1）

学龄期儿童男女体质差异明显，运动技能和智能发展迅速，成长速度也非常快，身高和围度同时增加。四肢生长速度高于身体的增高速度，女童发育速度快于男童，整体身高略高于男童。10岁以上的女童和男童身体向成人体型发展，女童呈现窄肩、细腰、宽臀的 X 型，四肢匀称；男童则开始显现肩宽、收腰、窄臀的 T 型，四肢较发达。10岁之前的女童男童身高每年增长 5cm 左右，10岁以后女童每年增长 3cm 左右，而男童每年增长 5cm 左右；10岁之前的男童女童胸围每年增长约 2cm，10岁之后每年增长 3cm 左右；男童和女童腰围 10岁之前，每年增长 1cm 左右，10岁之后，女童增长尺寸不变，男童增长 2cm 左右；男童与女童手臂长每年增长 2cm 左右，10岁以后的女童上裆长开始大于男童。这一时期的儿童是由幼儿园步入学校学习的阶段，受饮食、睡眠、活动及基因等各种因素的影响，发育快慢各不相同，是个体体型特征差异明显的阶段。

2. 生理特征

此阶段，男女生理特征开始显现，10岁以后的男童与女童，生理特征明显，特别是发育较早的女童，性别意识较重，并出现月潮现象，男童此阶段与女童相比，活动量巨大，容易被外界事物吸引，发育较早的男童男性特征逐渐显现。

3. 行为特征

学龄期的儿童，由幼儿园步入校园，学习基础知识是这一阶段的主要任务，知识量的增加使此阶段的儿童在是非认知上有了很大进步，特别是 10岁以后的儿童，认知思想逐渐趋于成熟，懂得纪律下行为规范的重要性，自制能力较强。男童与女童在行为上向两极分化，女童逐渐趋于安静乖巧，男童行为特征趋于活跃，活动量相对较大，喜欢打篮球、踢足球、打排球等运动。此阶段的男童与女童普遍对感兴趣的事物有一定的选择性，辨别是非的能力强，选择性有成人化的意识形态，希望自己的行为意识得到同辈和长辈的认可和信任。

4. 心理需求

学龄期儿童在初期教育的基础下，有自我规范行为的意识，接受知识的能力增强，有客观分析事物的能力，但其主观能力也不容小觑，此阶段的儿童极易产生逆反心理，渴望自己快点长大，有冲动的一面。男童与女童在性格、行为和自我意识上有根本性的差别，并有了个体形象的标准。

图 6-4-1 学龄期儿童

二、服装设计要领

1. 面料

透气、吸湿、耐磨、抗造仍然是这一时期儿童服装的主流面料特点。由于主要活动范围在学校，以校服为主，面料选择多为耐磨结实的类型、如抗污能力强的化纤类或混纺类面料。但日常生活中面料选择主要为棉、麻、毛、丝、混纺等织物。同时，为了满足此阶段儿童对时尚的热爱，一些较前卫的面料也会被运用到儿童的日常生活装中，如荧光面料等。

2. 色彩

由高纯度色系向低纯度色系过渡，饱和类较强的低纯度色系成为这一时期儿童服装的主流，高纯度色系多作为装饰色彩，或点缀在领子、袖口、门襟等部位，或以图案的形式出现。男童与女童服装的色彩选择差别很大，女童服装纯度高的色系选择比男童服装多，粉色系仍是这一时期的女童服装主流；男童服装选择色系趋于深沉，低纯度深色系中的深蓝、深灰、深咖、深绿运用较多。当然，无彩色系中的黑色与白色是男童与女童服装共选之色。

3. 图案

卡通类的小动物和花草类图案多出现在 10 岁以前服装中，10 岁以后的儿童服装图案更趋于成人化，几何纹样、文字及大块面的时尚标志逐渐成为 10 岁以后儿童服装的选择。

4. 款式设计

学龄期的儿童大多数时间在学校里，校服是此阶段的儿童服装的主流。校服带有很强的标志性，代表着一所学校的文化和精神。同时，还要兼顾学生学习、运动场所的特点，款式设计不宜过于花哨和繁琐，色彩不能过于鲜艳，有代表性的亮色点缀其间，形制上多采用上下组合式服装款式。7 ~ 12 岁儿童发育迅速，特别是 10 岁以后，男童女童发育个体差别很大，女童的腰线、肩线、臀线清晰可见，身材日趋苗条，脖颈拉长，服装造型上有 A 型、H 型、X 型，形态上与成人的服装基本相似。

5. 结构制版

结构线与装饰线穿插使用，体现标识性的亮色借助装饰线与结构线相辅相成，多以线条的形式装饰在上衣的袖中心线、前门襟、育克线等，下装则主要装饰在裤子侧缝线处，款式休闲，具有运动服的造型特点，袖多为插肩袖、袖山高低于10cm 的一片袖，袖口有克夫，衣摆有收口；校服之外的服装也多以休闲服为主，整体款式向成人装样式过渡。

6. 工艺制作

阴线、明线和双缝线穿插使用。

7. 装饰

男女服装装饰区分进一步加强，女童服装仍以蕾丝、抽褶、花边等装饰物的添加为主，男童服装趋于简洁。

三、学龄期原型结构制版（8岁）(图6-4-2)

号型 126/62A

净胸围 62cm

背长 28cm

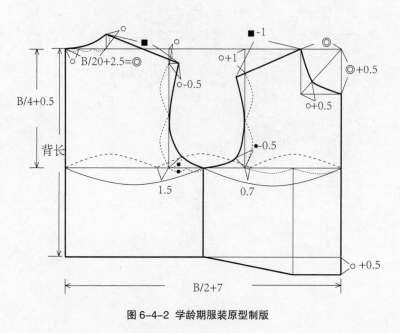

图 6-4-2 学龄期服装原型制版

四、学龄期服装

（一）半袖 T 恤 （图 6-4-3）

1. 结构特点

无领，短袖，H 型廓型，螺纹口镶领，衣身不对称拼接，形成错视效果。

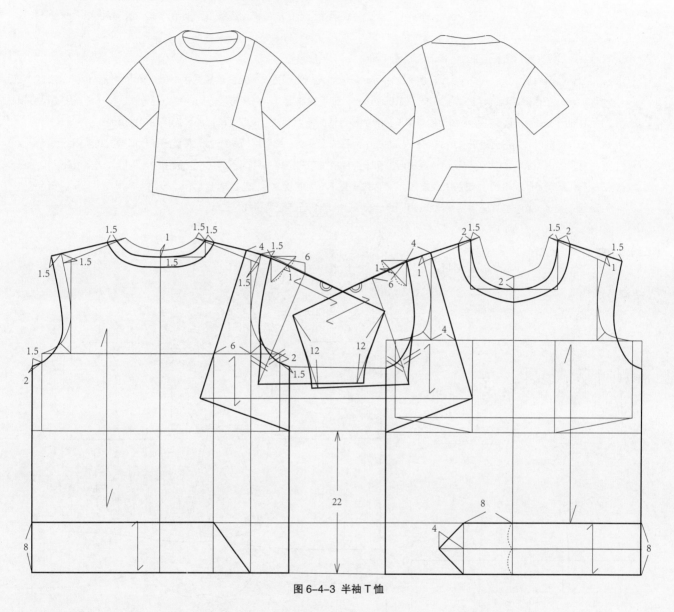

图 6-4-3 半袖 T 恤

2. 规格尺寸 （表 6-4-1）

表 6-4-1 半袖 T 恤规格尺寸　　　　　（单位：cm）

号型	部位名称	衣长	胸围	背长	袖长	袖口宽
126/62A	净体尺寸	47	62	31	41	12
	成衣尺寸	47	82	31	20	12

3. 结构制版

（1）衣长。腰围线下降 22cm。

（2）前后肩线。前肩点上升 1cm，后肩线上升 1.5cm，分别直线连接颈侧点，后肩线延长 1.5cm，形成落肩装袖，前肩线与后肩线等长。

（3）前后领围线及螺纹口领。前后颈侧点各出 1.5cm，前中心线下降 2cm，后中心线下降 1cm，曲线画顺前后领围线；螺纹口领 1.5cm 宽，曲线连接画顺。

（4）前后侧缝线。后侧缝腋点下降 2cm，外出 1.5cm，直线连接至衣摆线；前侧缝线下降前下份 +2cm，外出 1.5cm，直线连接至衣摆线。

（5）前后袖窿弧线。前后袖肩点曲线连接前后衣身腋点。

（6）前后袖子。前后袖斜线，肩点 4cm 与腰围线相平行，作此线段的垂直线，直线连接两点形呈直角等腰三角形，斜边的 1/2 上升 1cm，前后肩点直线连接引出袖长，袖山高 6cm，袖窿弧线上引出曲线与剩下的袖窿弧线等长，交于袖宽线上，并引出前后袖缝线交于垂直于袖中心线的袖口宽 12cm 的袖口辅助线上，并延长取直角，曲线连接袖口宽辅助线。

（7）不对称装饰拼布。前后肩点进 4cm，胸宽线进 4cm，直线连接交于胸高点辅助线上，并直线连接前腰围线与侧缝线的交点处；后肩线进 4cm，背宽线进 6cm，直线连接交于前片拼接布的交角高度，再斜线交于腰围线与侧缝线的交点处。前后衣摆拼布，前侧缝上升 8cm，过前中心线 8cm，直线垂直下降至衣摆，1/2 处垂直出 4cm，直线连接形成尖角形拼布造型；后侧缝线上升 8cm，直线连接至背宽线过 6cm 延长线上，斜线连接至背宽线延长线。

（二）无袖上衣（图 6-4-4）

1. 结构特点

无领，无袖，工字褶，A 型，前短后长，内长外短两层，领、袖包边。

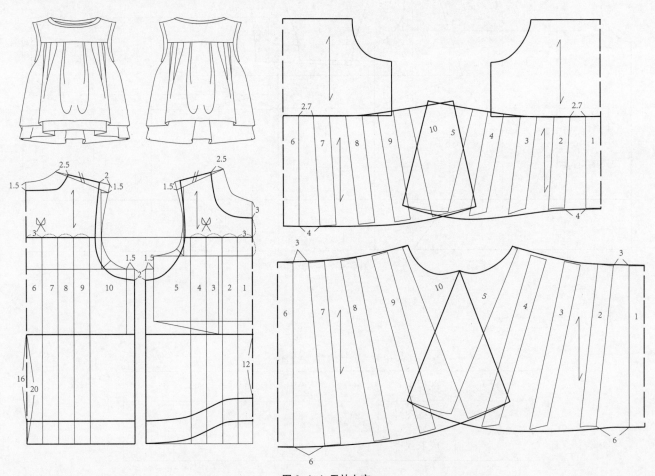

图 6-4-4 无袖上衣

2. 规格尺寸（表6-4-2）

表 6-4-2 无袖上衣规格尺寸　　　　　　　（单位：cm）

号型	部位名称	内后衣长	内前衣长	外后衣长	外前衣长	胸围	背长
126/62A	净体尺寸	47	43	51	47	62	31
	成衣尺寸	47	43	51	47	82	31

3. 结构制版

（1）衣长。因为款式为两层，且前后不等长，所以后腰围线分别下降20cm和16cm，前中心线分别下降16cm和12cm。

（2）前后肩线。前后肩线分别上升1.5cm，并直线连接颈侧点，在修正后的后肩线上，后颈侧点出2.5cm，后肩点进2cm，为后肩线长；前颈侧点出2.5cm，前肩线与后肩线等长。

（3）前后领围线及镶边。前后颈侧点各出2.5cm，前中心线下降3cm，后中心线下降1.5cm，曲线画顺前后领围线；镶边为45°角斜丝本布，长度为前后领围线和前后袖窿弧线长。

（4）前后侧缝线。后侧缝腋点下降2cm，外出1.5cm，直线连接至衣摆线；前侧缝线下降前下份+2cm，外出1.5cm，直线连接至衣摆线。

（5）前后袖窿弧线。前后袖肩点曲线连接前后衣身腋点。

（6）外层衣身，胸围线至领口前中心点的1/2处为内层衣身断开线，前后位置一致，以3cm宽为基准分成四等份，后片同于前片，纸样剪开打开，上面打开3cm，下面打开6cm，曲线连接画顺打开的量。

（7）内层衣身，断开位置与外层衣身不相同，腰部以上不打开，腰部以下纸样，上部打开2.7cm，下部打开4cm，曲线连接画顺打开的量。

（三）牛仔背带裙

（图6-4-5）

1. 结构特点

A型，中长款，背带，前有贴袋，后有臀贴袋。

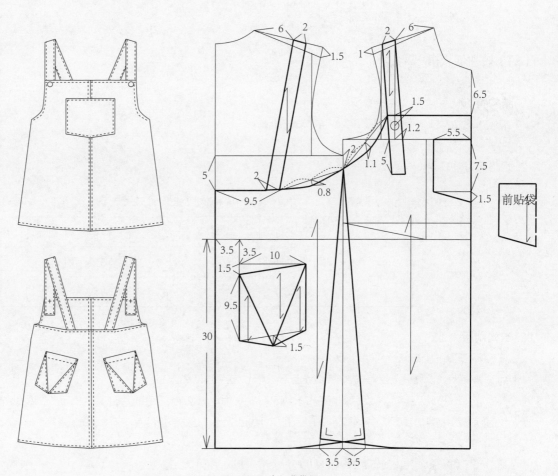

图 6-4-5　牛仔背带裙

2. 规格尺寸（表 6-4-3）

表 6-4-3 牛仔背带裙规格尺寸 （单位：cm）

号型	部位名称	裙长	胸围	背长
126/62A	净体尺寸	58	62	31
	成衣尺寸	58	76	31

3. 结构制版

（1）衣长。在背长基础上下降 30cm。

（2）前后侧缝线。后侧缝腋点下降 2cm，衣摆侧缝线出 3.5cm，直线连接两点；前侧缝线下降前下份 +2cm，衣摆侧缝线出 3.5cm，直线连接两点。前后侧缝线与衣摆线呈直角。

（3）前后肩线、背带。前肩线上升 1cm，后肩线上升 1.5cm，直线连接前后颈侧点；前颈侧点出 6cm，直线交于胸围线，过 1.2cm，在胸围线的基础上延长背带长 5cm，背带宽 2cm，直线与肩背带宽连接；后颈侧点出 6cm，肩背带宽 2cm，后胸围线下降 5cm，作垂直线 9.5cm，取背带宽 2cm，直线连接肩背带宽。

（4）前中心线下降 6.5cm，引出垂直于前中心线的线段交于背带宽，直线与前衣身腋点相交，取 1/2 垂直下降 1.1cm，曲线连接画顺至前衣身腋点。

（5）以后胸围线下降 5cm，作垂直线 9.5cm 为基点，直线连接后衣身腋点，线段 1/2 处垂直下降 0.8cm，曲线连接画顺至后衣身腋点。

（6）前贴袋。以胸围线为基点取半个袋宽 5.5cm，长 7.5cm，袋底尖长 1.5cm，直线连接各点。

（7）后臀贴袋。后腰围线进 3.5cm，作 3.5cm 垂直线，袋口辅助线宽 10cm，袋长 9.5cm，靠近后中心线袋口倾斜 1.5cm，袋底尖角长 1.5cm，直线连接各点。

（四）短袖低腰裙（图 6-4-6）

1. 结构特点

分体企领，短袖，低腰，工字褶，A 型，短开门。

2. 规格尺寸（表 6-4-4）

表 6-4-4 短袖低腰裙规格尺寸 （单位：cm）

号型	部位名称	胸围	衣长	背长	袖长
126/62A	净体尺寸	62	67	31	41
	成衣尺寸	76	67	31	10

3. 结构制版

（1）衣长。在背长基础上下降 28cm。

（2）前后肩线。前肩线上升 1cm，后肩线上升 1.5cm，直线连接前后颈侧点。

（3）前后领围线及镶边。前后颈侧点各出 1.2cm，前中心线下降 2cm，后中心线下降 0.5cm，曲线画顺前后领围线。

（4）前后侧缝线。后侧缝腋点下降 1cm，衣摆侧缝线出 2cm，直线连接两点；前侧缝线下降前下份 +1cm，衣摆侧缝线出 2cm，直线连接两点。

（5）叠门与纽扣。胸围线向上 2cm，叠门宽 1.5cm，上下间距 1.2cm。

（6）前后袖窿弧线。前后袖肩点曲线连接前后衣身腋点。

（7）低腰位，后腰位下降8cm。

（8）工字褶A型裙摆。前后7个工字褶，前后中心线各一个，均分前后裙摆线，上打开4cm，下打开6cm，形成下摆外展的A型工字褶造型。

（9）袖子。袖山高5cm，袖长10cm，前袖斜线=AH/2，后袖斜线=AH/2+0.5cm。其他如图所示。

（10）分体企领。领座，下领围线长=前后领围线/2，前中心线起翘1cm，延长1.5cm叠门宽，后领座高2cm，前中心线高1.5cm，曲线连接后领座高，领座上围线与下围线与领座后中心线相垂直；后起翘2.5cm；领面，后领面宽3.5cm，前领面宽6cm，曲线连接，领面上围线与下围线及领面后中心线相垂直。

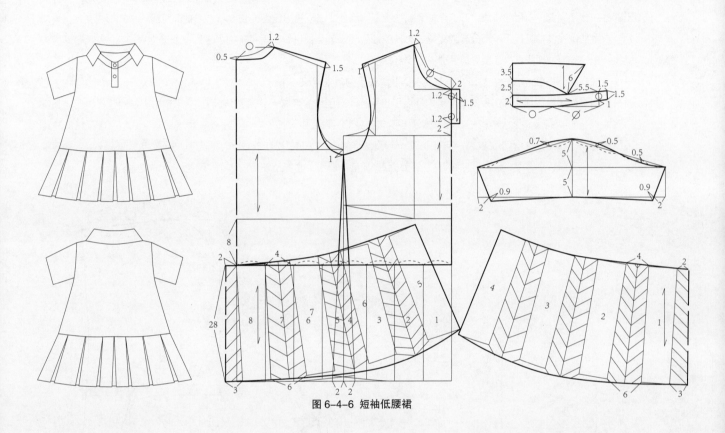

图 6-4-6 短袖低腰裙

（五）长袖带帽卫衣（图6-4-7）

1. 结构特点

H型，宽松款，长袖有罗纹口，兜帽。此款式主要学习卫衣的制版方法。

2. 规格尺寸（表6-4-5）

表 6-4-5 长袖带帽卫衣规格尺寸 　　　　　　（单位：cm）

号型	部位名称	衣长	胸围	背长	袖长	袖口宽	头围
126/62A	净体尺寸	41	62	31	41	10	52
	成衣尺寸	41	86	31	41	10	52

3. 结构制版

（1）衣长。在背长基础上下降 10cm。

（2）前后肩线。前肩线上升 1cm，后肩线上升 1.5cm，直线连接前后颈侧点；后肩点出 2.5cm，前后肩线等长。

（3）前后领围线。前后颈侧点各出 1.8cm，前中心线下降 2cm，后中心线下降 0.5cm，曲线画顺前后领围线。

（4）前后侧缝线。后侧缝腋点下降 2.5cm，出 2.5cm，直线连接衣摆线；前侧缝线下降前下份 +2.5cm，出 2.5cm，直线连接衣摆线。

（5）前后袖窿弧线。前后袖肩点曲线连接前后衣身腋点。

（6）前后袖片。前后衣身袖顶点作平行于胸围线的 4cm 线段，并作此线段的垂直线，长度为 4cm，连接两条直线形成等腰直角三角形，取斜边 1/2 上升 0.5cm，引出前后袖中心线，长度为袖长；前后袖山高 =7cm，引出垂直于袖中心线的线段，并交于衣身袖窿弧线上；前后袖弧线，在衣身袖窿弧线上取一点曲线交于袖肥线上，长度与衣身袖窿弧线等长，形成交点上半部分与衣身袖窿弧线相同、下半部分与袖窿弧线等长的袖弧线；前后袖口线，垂直于袖中心线，长度为袖口宽 +3cm；前后袖缝线，袖口线与袖弧线直线连接。前后袖中心线合并。

（7）罗纹。袖罗纹，宽 3cm，长为袖口宽；前后衣摆罗纹长 = 前后衣摆 -5cm。

（8）帽子。帽基础线，以前衣片的颈侧领口点为基点引出平行于胸围线的直线 = 头围 /2-5cm，交于前中心线的延长线上，长度为头围 /2，形成符合头围大小的长方形；帽领围线与衣身前后领围线等长；帽造型线，前中心线辅助线与帽上平线的交点下降 1.5cm，帽后顶端向前取 8cm，向下取 8cm，直线连接，斜边的 1/2 上升 2cm，向下取 8cm 点，直线连接后帽领围线，斜线 1/2 作垂直线取 1.5cm，曲线连接各辅助点；帽前中心线，帽高至领口线的 1/2 凹势 1cm，曲线连接。

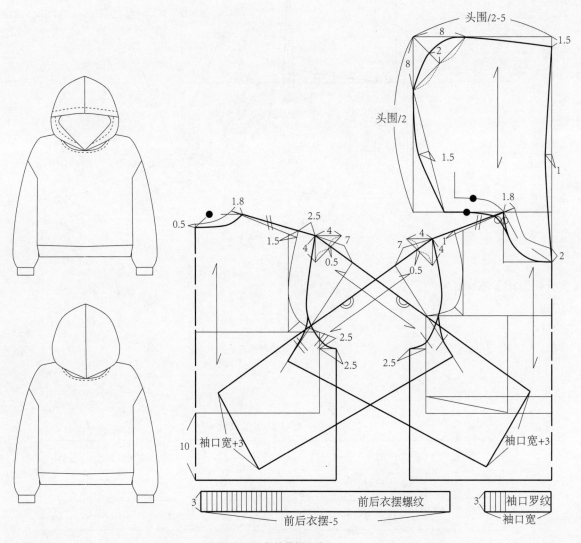

图 6-4-7 长袖带帽卫衣

（六）中式立领长外套（图6-4-8）

1.结构特点

A型宽松长款，长阔袖镶边，立领盘扣。

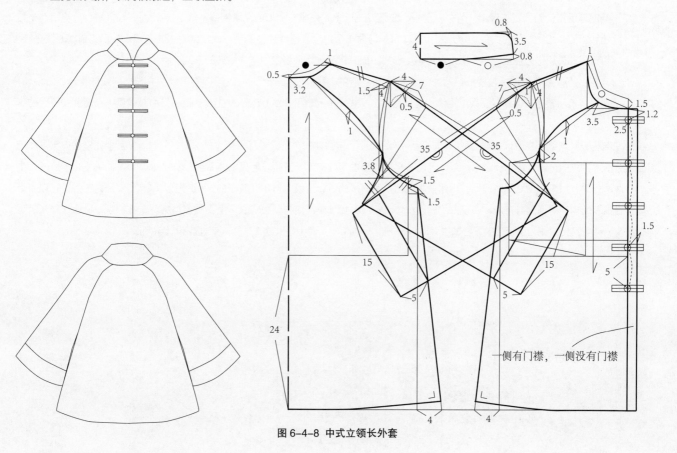

图6-4-8 中式立领长外套

2.规格尺寸（表6-4-6）

表6-4-6 中式立领长外套规格尺寸 （单位：cm）

号型	部位名称	衣长	胸围	背长	袖长	袖口宽
126/62A	净体尺寸	55	62	31	41	15
	成衣尺寸	55	82	31	35	15

3.结构制版

（1）衣长。在背长基础上下降24cm。

（2）前后肩线。前肩线上升1cm，后肩线上升1.5cm，直线连接前后颈侧点；前肩点出1cm，前后肩线等长。

（3）前后领围线。前后颈侧点各出1cm，前中心线下降1.5cm，后中心线下降0.5cm，曲线画顺前后领围线。

（4）前后侧缝线。后侧缝腋点下降1.5cm，出1.5cm，衣摆线外出4cm，直线连接后衣摆线；前侧缝线下降前下份+1.5cm，出1.5cm，衣摆线外出4cm直线连接前衣摆线，前后侧缝线与前后衣摆线呈直角。

（5）前后袖窿弧线。前后袖肩点曲线连接前后衣身腋点。

（6）前后插肩袖。前后衣身袖顶点作平行于胸围线的4cm线段，并作此线段的垂直线，长度为4cm，连接两条直线形成等腰直角三角形，取斜边1/2上升0.5cm，引出前后袖中心线，长度为袖长；前后袖山高=7cm，引出垂直于袖中心线的线段，并交于衣身袖窿弧线上；衣身与袖公共线，前袖与衣身公共线，前中心线沿领围线3.5cm，胸围线上升2cm，直线连接两点，线段 1/2 处垂直上升 1cm，曲线连接两点，后袖与衣身公共线，后中心点沿领围线取 3.2cm，胸围线上升 3.8cm，直线连接两点，线段 1/2 处垂直上升 1cm，曲线连接两点，前后袖公共线引出前后袖弧线，曲线交于袖宽线上，长度与衣身袖窿弧线等长；前后袖口线，垂直于袖中心线，长度为袖口宽；前后袖缝线，袖口线与袖弧线直线连接。前后袖中心线合并；袖镶边宽 5cm。

（7）叠门与盘扣。叠门宽 1.5cm；盘扣，前中心线下降 1.2cm，为第一个扣位，腰围线下降 5cm，为第五个扣位，将第一个扣位和第五个扣位之间的线段平均分成 4 份，每一份为一个扣位。值得注意的是，此款式为中式叠门，叠门与前中心线分开，俗语将此叠门称为舌头，另一侧没有叠门，形成下面有舌头、上面左右中心线对齐的形式。

（8）立领。下平线长为前后领圈长，宽为领座高 4cm，前中心线起翘 0.8cm，曲线连接下平线，并作此斜线的垂直线 3.5cm，曲线连接后领座高，形成立领上平线；前领宽与上平线交角的角平分线 0.8cm，曲线修正领前中心线弧线，圆角立领完成。

    童装结构设计与纸样主要包含婴儿期、幼儿期、学龄前期、学龄期四个阶段，年龄跨度从 0 ~ 12 岁。学龄期儿童横向男女体态特征区别不大，纵向个体变化也较细微，但心理、生理需求随着年龄的增长变化较明显。本章节较详细地解读了此阶段儿童形体、生理、心理、行为及对事物的认知情况，并根据需求提出不同阶段的设计建议。对不同阶段的结构制版，以典型案例为主，旨在以点带面，引出童装结构制版原理与方法，由于此阶段儿童体态特征变化较小，结构制版的衣原型、袖原型相同，在原型基础上进行童装结构制版的设计与变化，是为了培养学习者触类旁通、举一反三的能力，而不是就款式论款式的僵化设计与制版。

【课后练习题】

（1）不同时期儿童的行为、心理、生理及设计特点。
（2）不同时期儿童服装结构制版原理与方法。
（3）不同时期儿童服装设计、结构制版练习。

【课后思考】

（1）分析总结不同时期儿童对服装结构设计的要求。
（2）如何根据不同时期儿童的生理、心理特点确定童装结构设计的要点。

第七章
少年装结构设计与纸样

学习内容

- 掌握少年期基本常识
- 少年装结构设计要点与技巧
- 不同类型少年装结构制版原理与方法
- 创意少年装结构制版原理与方法

学习目标

- 熟练掌握少年装结构设计制版原理与方法
- 不同类型少年装结构设计举一反三的能力培养

少年装为12～15周岁的中学时期儿童的服装。此阶段的少年在身体、生理、心理及行为上发生着极大的转变，此阶段是儿童与成人的过渡期，由于身心处于半成熟状态，也是青春期较为显著的时期。各方面的影响将直接导致少年的身心变化与健康变化，此阶段是非常值得研究和探索的年龄阶段。

第一节 少年期基本常识 （12～15岁）

一、体型特征（图 7-1-1、图 7-1-2）

12～15 岁的少年身体变化显著，不仅男女体态出现明显区别，个体状态也逐渐趋于成人化，头身比 1：7~7.5。女童体型由儿童时期的筒形向 X 型发展，胸部发育明显，胯骨与腿部变粗，臀部丰满，腰部逐渐显现出来，女童身高每年增长速度相较于男童逐渐由原来的 5cm 降低为 1cm 左右，胸围增长 3cm 左右，腰围增长 1cm 左右，手臂每年增长 2cm 左右，上裆长每年增长 0.6cm 左右；男童体型由儿童时期的筒形向 T 型发展，胸廓发育明显，胯骨变窄，腿部开始显现强有力的肌肉，臀部紧实，男童身高每年增长速度与女童相比较快，每年增长 5cm 左右，胸围增长 3cm 左右，腰围增长 2cm 左右，手臂每年增长 2cm 左右，上裆长每年增长 0.4cm 左右。因此，此阶段的少男少女身体各个部位发育趋于成人，与儿童期对比鲜明。

二、生理特征

由于少年期的少男少女处于半成熟状态，独立人格与依附人格共存，这种相互矛盾的生理特征极易被周围的环境所左右，因此少年期。大多数少女开始有月潮现象，女性意识增强，并出现懵懂的男女情感意识，生理感知敏感细腻；此阶段的少年，生理特征也趋于成熟，独立思考能力增强，对事物认知较为主观刻意，有一定的男女情感意识，生理感知较为粗线条。

三、行为特征

少年期的行为特征较为矛盾，有儿童时期遗存的依赖性，又有趋于成人化的独立性，表现在行为上即成熟中掺杂着些许幼稚的成分。此阶段的大多数少女行为多表现为安静、沉稳，对事物的关注度极高，自我约束能力很强，辨别是非能力强，对事物的认知行为有一意孤行的意愿，对长者的教诲出现质疑和抵触的心理；少男的行为特征与少女相比恰恰相反，此阶段的少男，行为上更加好动激进，大运动量的足球、篮球等运动成为此阶段少男的喜好，他们思想独立有主见，对事物的认知有一定的偏执性，极易与长辈发生认知上的冲突与矛盾，有较强的自我约束能力，但争强好胜不服管教也成为这一时期较为明显的行为特征。

四、心理需求

对事物的喜好自主意识很强，有自我辨别能力，心理上渴望得到长辈的尊重与认可。由于这一时期是独立与依赖、自觉与幼稚共存的矛盾期，因此此阶段的少年，既有独立自主的一面，又有希冀得到长辈认可扶持的一面。整体来讲，少女心理需求较为细腻，有一定的自我控制能力，渴望被尊重，对自我认可的事情较为执着，有一定的逆反心理；少男心理较少女心理需求较为直接，受外界影响较大，固执己见，不愿听取长辈建议，有自我处理问题的能力，但自我控制能力较差，逆反心理较强，希望得到长辈的尊重与认可。

图 7-1-1 少年期（12岁）

图 7-1-2 少年期（15岁）

第二节 少年期服装设计要求

一、面料

面料趋于成人化，面料选择空间较大，可根据不同的活动场景选择，主要有校外和校内两个场景。校外场景主要涉及家居服、礼服和休闲服三大类。家居服面料以舒适性较强的天然纤维，如棉、麻为主；礼服面料以较华贵的丝绸与锦缎、毛呢、混纺类为主；休闲服采用的面料较为宽泛，主要有棉、丝绸、化纤、各种混纺类面料。

校服主要是指学生在校所穿的统一制服，以耐磨的面料为主，化纤类、混纺类面料居多。

二、色彩

服装色彩趋于成人化，色彩选择多样，多数少年期女童摈弃了明度和纯度较高的粉色系，逐渐向较成熟的灰色系靠拢，家居服的色彩选择以淡雅清纯为主，休闲装则根据流行色的变化而实时转变，礼服色彩则根据不同场景要求进行选择。女童对色彩的偏好会受到小范围的影响，从而改变对色彩的选择，对事物的认知度，潜移默化决定了每一个女童对色彩的从众心理；相较于女童，少年期的男童对色彩敏感度略低，虽然家居服的色彩选择也多以浅色系为主，但整体来讲没有特殊的色彩需求，休闲服也多随着每年的流行色进行实时转换，但是纯度较高的拼色系列更能体现此阶段少年躁动的性情，礼服更多的是成人化中规中矩的冷色系。

校服的服饰色彩具有很强的标识性，不同色彩代表了不同的校园文化，主色多采用蓝色（浅蓝、藏蓝、深蓝），并采用拼接的形式穿插纯度较高的红色、橘色和无彩色系白色等，男装旨在体现男生的阳刚之气与青春活力，女装旨在体现文静秀雅，既体现了校园的宁静庄重，又不失少年期童装的活泼可爱。不同年级的校服色彩也有所差别，年级越低的校服色彩选择越明快，反之则趋于沉稳。

三、图案

服装图案的选择不再拘泥于某一个具象的事物，多元化图案形态居多，但大多数出现在家居服中，家居服多采用可爱的动植物，休闲服中无论是女童的还是男童的图案运用都较少，整体服装呈现出单色系的简洁大方，时下流行的图案偶尔出现在休闲服装中。过于成熟的成人图案，如豹纹等，也鲜少出现在此阶段的服装中。

校服中，一般不会出现时下流行的图案和花纹，单色面料在一定程度上易于提高学生的专注度，过于花哨的图案和色彩极易冲击青春期少年孩子的心理健康，对学习环境带来不利影响。校服中的图案简洁大方，具有很强的标识性，一般是体现学校文化和理念的校标，以缝缀或拓印的形式出现在校服的左胸上方。

四、款式设计

女童和男童家居服的款式廓型设计多以 A 型、H 型为主，结构线较少，注重舒适性，形制主要有上下分体装和上下连体的袍服两种形式；女童礼服类廓型多为体现腰身的 X 型，结构线与装饰线根据需求进行添加，裙类套装较多；休闲服形式多样，与时尚接轨，但过于成人化的款式设计并不被长辈认可。男童礼服类廓型多为 T 型，款式设计讲究简洁大方，但工艺制作要求精益求精，一般为上衣下裤的西装类套装；休闲服也多以简洁为主，T 恤、衬衣、夹克、马甲、宽松裤是这一时期较为常见的装束。

校服的款式设计主要分常服和礼服两大类。常服主要为宽松式夹克类，在细节设计上多为落肩或插肩袖，前开门为拉链形制，衣摆和袖口收口，裤子则为一般的直身筒裤或收口裤；礼服校服款式设计主要以正装为主，女童为 X 型的制服，下配短裙或长裤，男童则是 T 型的西装类较多，下配直筒长裤，但与正式西装不同，有体现不同学校理念的镶边出现在礼服的袖口、门襟，甚至局部细节部位。

第三节 少年期服装结构制版

少年期服装结构设计与儿童期服装结构设计有着本质的区别，部分结构细节设计趋于成人化，主要体现在：

（1）背宽线与胸宽线差量增加，儿童挺胸凸肚形态减小；前后肩线长度，由儿童期的前后肩线长度差1cm，转变为1.5cm，肩胛骨省量增大。

（2）前领围颈侧点与成人原型相同下降的0.5cm，说明儿童颈部开始前倾。

（3）前后肩斜差增加，儿童平肩下斜。

一、原型结构制版（图7-3-1）

号型 149/70A

净胸围 70cm

背长 33cm

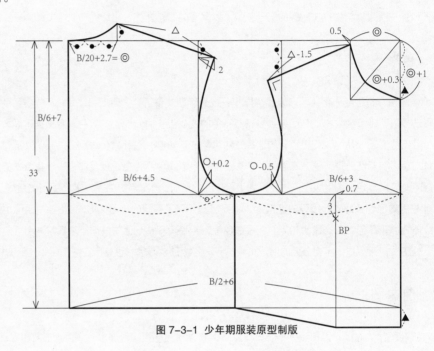

图7-3-1 少年期服装原型制版

二、休闲装

（一）T恤

1. 结构特点（图7-3-2）

H型，插肩袖，连体企领（小翻领），肩线前移，过肩，领开口较夸张，贴袋。款式较儿童装趋于成人化，形态较夸张个性。

2. 规格尺寸（表7-3-1）

表7-3-1 T恤规格尺寸 （单位：cm）

号型	部位名称	胸围	背长	衣长	袖长	袖口宽
149/70A	净体尺寸	70	33	55	20	16
	成衣尺寸	92	33	55	20	16

3. 结构制版

（1）在原型的基础上，前后胸围放2cm，后片下降2.5cm，前片下降前下份+2.5cm，衣身后长下降22cm。

（2）肩线。后肩线，后肩线上升2.5cm，设定落肩2.5cm，直线连接颈侧点；前肩线，前肩线上升2.5cm，直线连接颈侧点，前后肩线等长。

（3）领围线。前后颈侧点出1.5cm，前中心线下降2cm，后中心线下降1cm，曲线连接前后中心点。

（4）插肩袖。

① 前插肩袖。公共线，领侧点下降 3.5cm，肩点下降 3.5cm，直线连接；公共点，原袖窿弧线与修正后的袖窿弧线的交点；袖山高 2cm，作袖中心线的垂直线（袖宽线）；以公共点为基点曲线与袖宽线相切，长度与公共线下面剩下的袖窿弧线等长；袖口线与袖缝线，作袖中心线的垂直线，长度为 16cm，袖窿弧线直线连接袖口宽，直角曲线修正袖口线。

② 后插肩袖。公共线，后领线下降 2cm，肩点下降 3.5cm，直线连接，并胖势 0.3cm；公共点，胸围线上升 2.5cm；袖山高 =2cm，作袖中心线的垂直线（袖宽线）；以公共点为基点曲线与袖宽线相切，长度与公共线下面剩下的袖窿弧线等长；袖口线与袖缝线，作袖中心线的垂直线，长度为 16cm，袖窿弧线直线连接袖口宽，直角曲线修正袖口线。

（5）口袋。前开口下降 2.5cm，前中心线进 2cm，袖窿弧线进 3.5cm，箱型口袋底部 2cm。

（6）明线。衣摆、袖口明线 2.5cm，其他部位明线 0.5cm。

（7）领子。领座 2.5cm，领面 3.5cm，后起翘 2.5cm，前中心线进 0.3cm（领下围线 = 前领围线长 /2+ 后领围线长 /2），前领面宽 9.5cm。

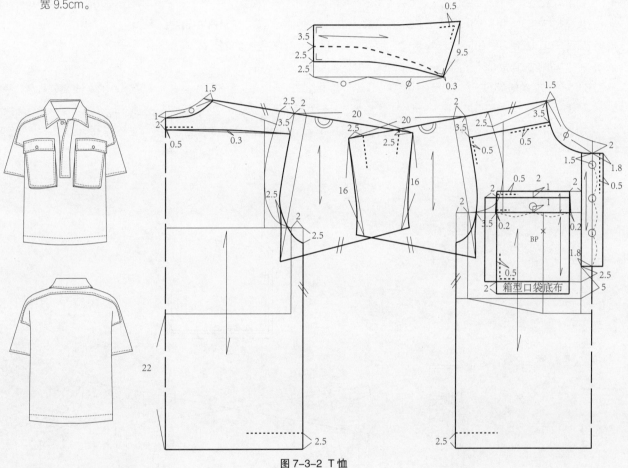

图 7-3-2 T恤

（二）反向水兵领休闲装

1. 结构特点（图 7-3-3）

小 A 型，装袖，反向水兵领，落肩，袖口抽松紧带。款式简单、可爱、舒适。

2. 规格尺寸（表 7-3-2）

表 7-3-2 反向水兵领休闲装规格尺寸　　　（单位：cm）

号型	部位名称	胸围	背长	衣长	袖长	袖口宽
149/70A	净体尺寸	70	33	50	40	18
	成衣尺寸	92	33	50	40	18

3. 结构制版

（1）衣长。在原型腰围线基础上下降 17cm。

（2）肩线。后肩线，后肩线上升 2.5cm，设定落肩 2.5cm，直线连接颈侧点；前肩线，前肩线上升 2.5cm，直线连接颈侧点，前后肩线等长。

（3）领围线。前后颈侧点出 1.5cm，前中心下降 2cm，后中心线下降 1cm，曲线连接前后中心点。

（4）袖窿弧线。前后侧缝线出 2cm，后侧缝线和胸围线的交点下降 2.5cm，前侧缝线和胸围线的交点下降前下份 +2.5cm，曲线分别连接前后肩点，前后肩线与袖窿弧线呈直角。

（5）前后侧缝线与衣摆线。衣摆与侧缝线交点出 2.5cm，起翘使侧缝线与衣摆线呈直角。

（6）袖。此装袖是在袖窿弧线的基础上进行的结构制版，以衣肩点为基点延长，在原型的肩点量出袖长 40cm，确定袖中心线；袖山高 2cm，垂直于袖中心线，袖公共点引出曲线与其相切，确定袖肥线；袖口宽 18cm 垂直于袖中心线，袖肥线直线连接，并与袖口线相垂直，曲线连接袖口线，偏离袖口 5cm 处抽松紧带。前后袖中线合并。

（7）后领开口。衣领后中心点下降 5.5cm，垂直后中心线 1.2cm，直线连接呈三角形，曲线画顺呈水滴状。

（8）扣袢与扣。扣袢宽 0.5cm，长 5cm；扣距离后中心点 1cm。

（9）领子。水兵领的制版方法。前后肩线交叠 2.5cm，前中心线下降 8cm，为前领中心宽，颈侧领宽 12cm；后领角宽，后中心线取 4cm，垂直于后中心线 1.5cm，曲线胖势 0.8cm 画顺至颈侧点领宽，以颈侧点宽为基准作前中心线平行线，与领前中心宽直线连接。衣领围线，以后中心点为基点上升 0.5cm，曲线连接颈侧点，前领围线保持不变；装饰边 0.5cm，距离领外围线 0.8cm。

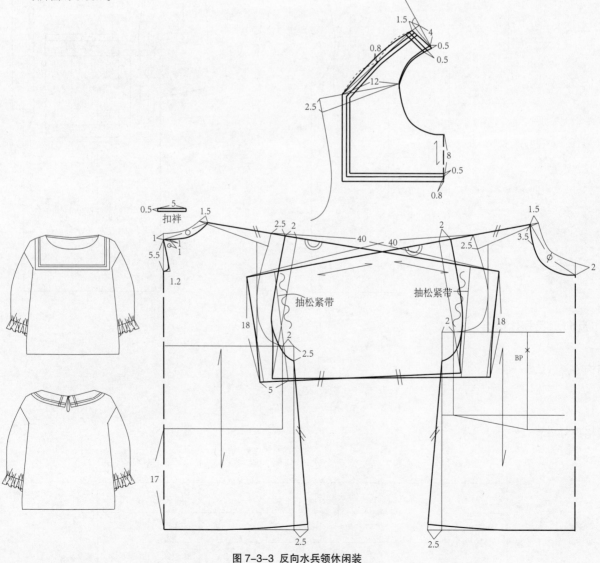

图 7-3-3 反向水兵领休闲装

（三）休闲马甲（图7-3-4）

1. 结构特点

衣身H型，戗驳领、无袖，双排扣，不对称口袋，一侧为有袋盖的挖袋，一侧为嵌袋和有袋盖的挖袋，整个款式稍显成熟。

2. 规格尺寸（表7-3-3）

表 7-3-3　休闲马甲规格尺寸　　　　　　（单位：cm）

号型	部位名称	胸围	衣长	背长
149/70A	净体尺寸	70	60	33
	成衣尺寸	88	60	33

3. 结构制版

（1）衣长。在原型腰围线基础上下降27cm。

（2）肩线。前后肩线上升1cm，直线连接颈侧点，前后肩线等长。

（3）戗驳领。

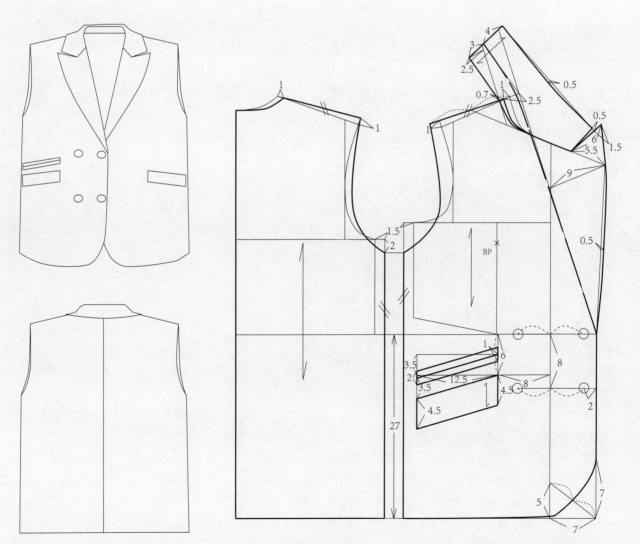

图 7-3-4　休闲马甲

① 后颈侧点向外出 1cm，曲线连接修顺后领围线。

② 确定叠门宽 7cm。

③ 确定翻折止点在腰围处。

④ 延长肩线 2.5cm，直线连接翻折止点，确定翻折线辅助线。

⑤ 以颈侧点为基点向下测量 1cm，重新修正领围线，并在此基础上再向里进 0.7cm 作翻折线辅助线的平行线，长度为后领圈的长度，领座倒伏 2.5cm，与 0.7cm 确定的点直线连接，长度为后领圈的长度，确定后领下围线。

⑥ 作后领下围线的垂直线，分别取领座高 3cm 和领面宽 4cm。

⑦ 原肩宽中点与前领窝直线连接，并与翻折线辅助线引出垂直线 9cm 相交，确定驳领宽。

⑧ 翻领领角宽 6-1.5=4.5cm，驳领领角宽 6cm，与翻领相距 0.5cm，翻领凹势 0.5cm 曲线连接翻领领角宽，驳领胖势 0.5cm与翻折止点连接。

（4）袖窿弧线。前后侧缝线出 1.5cm，后侧缝线和胸围线的交点下降 2cm，前侧缝线和胸围线的交点下降前下份 +2.5cm，曲线分别连接前后肩点，前后肩线与袖窿弧线呈直角。

（5）前后侧缝线不收腰直线与衣摆线连接。

（6）口袋。胸位直线与腰围线相交下降 6cm，作腰围线的平行线长度为 12.5cm，下降 3.5cm 确定挖袋的斜度，直线连接，袋盖宽 4.5cm；嵌袋与挖袋斜度一致，在腰围线下降的 3cm 处，上下嵌条分别为 1cm。

（7）纽扣。腰围处为第一扣位，与叠门边间距 2cm，双排扣以前中心线为基线左右对称间距相等，与第二排扣间距 8cm。

（8）衣角造型。前中心向上取 5cm，直线连接叠门宽，取斜线 1/2 处曲线与叠门上升的 7cm 连接，曲线连接叠门宽。

（四）夹克（图 7-3-5）

1. 结构特点

衣身 H 型，连体企领、落肩，长袖有克夫，单排扣，斜插挖带，左右不对称，有扣袢做装饰。

2. 规格尺寸（表 7-3-4）

表 7-3-4 夹克规格尺寸 （单位：cm）

号型	部位名称	胸围	背长	衣长	袖长	袖口宽
149/70A	净体尺寸	70	33	48	48	26
	成衣尺寸	90	33	48	48	26

3. 结构制版

（1）衣长。在原型腰围线基础上下降 15cm。

（2）肩线。前后肩线上升 1cm，直线连接颈侧点，后肩线延长 1.5cm，前后肩线等长。

（3）前后领围线。前领围线，前颈侧点向前肩点进 1.5cm，前颈窝点下降 2cm，曲线连接两点；后领围线，后颈侧点向后肩点进 1.5cm，后中心点下降 1cm，曲线连接两点。

（4）袖窿弧线。前后侧缝线出 1.5cm，后侧缝线和胸围线的交点下降 2cm，前侧缝线和胸围线的交点下降前下份 +2.5cm，曲线分别连接前后肩点，前后肩线与袖窿弧线呈直角。

（5）前后侧缝线等长，下摆收口宽 5cm，在侧缝线处略爽 0.5cm。

（6）叠门与纽扣。叠门宽 1.8cm，前门装饰线在前中心线的基础上向里进 1.8cm；上面第一个扣位，领围线下降 1.5cm，下面最后一个扣位，在下摆收口处上升 1.5cm，将上下扣位平均分配确定中间两个扣位，下摆收口扣位，在下摆宽的 1/2 处。

（7）装饰袢。后袢，在衣身的后中心线处装饰袢宽 3cm，长 10cm；前袢，在胸围宽与袖窿交点至前门装饰线线段 1/3 处，长度与宽度与后装饰袢相同。

（8）连体企领。后中心线起翘 2.5cm，曲线连接前后领围线长 /2 收 0.3cm 处确定连体企领下围线；后领座高 2.5cm 曲线连接企领前中心点；领面宽 3.5cm，前领角宽 8cm（推荐数据）并与企领下围线呈直角，曲线连接领面宽。

（9）袖子。袖长 48cm，袖山高 5cm，前袖斜长 AH/2，后袖斜长 AH/2+1cm，确定前后袖宽；靠近袖山顶点前袖斜长 1/4 上升 0.5cm，靠近袖宽前袖斜 1/4 下降 0.5cm，曲线画顺；靠近袖山顶点后袖斜取 1/4 前袖斜长垂直上升 0.5cm，靠近袖宽后袖斜在 1/4 前袖斜长处上升，曲线画顺；袖克夫宽 5cm，在袖口宽 26cm 的基础上向里各收 1cm。

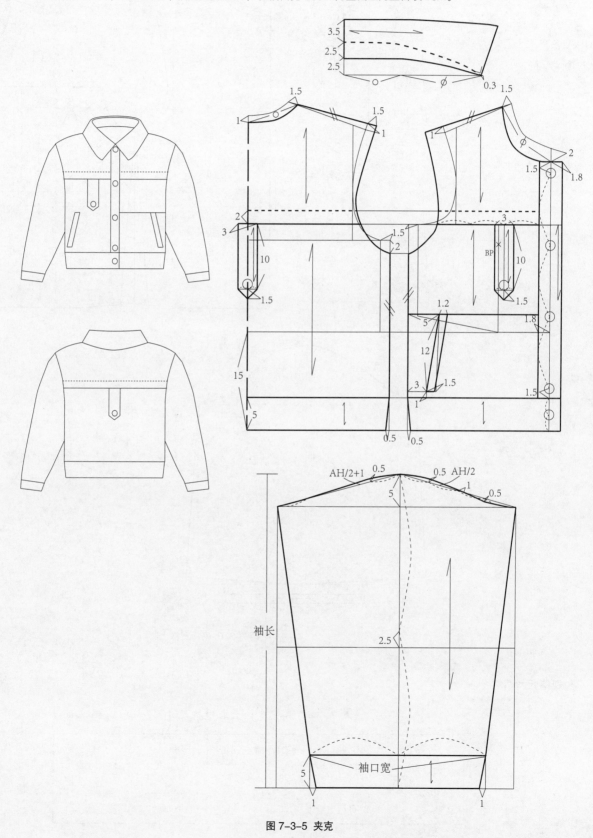

图 7-3-5 夹克

（五）扁领宽松上衣（图 7-3-6）

1. 结构特点

宽松 A 型，装袖，水兵领，小落肩，前片自由褶，5 粒扣，袖口收自由褶，窄克夫，款式简单舒适。

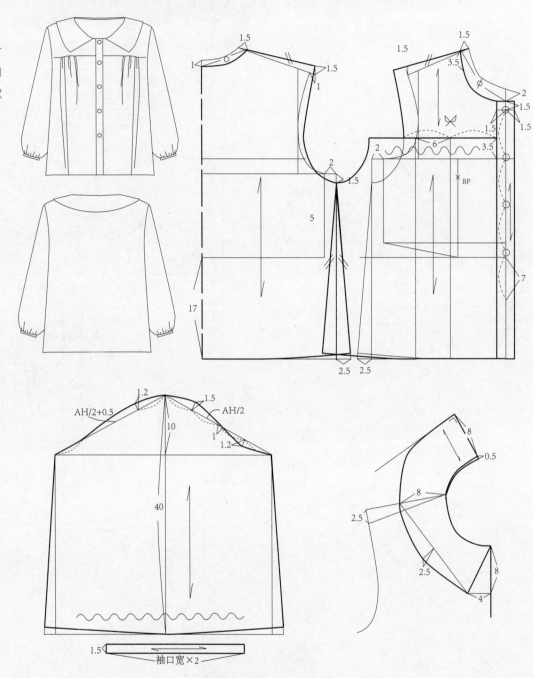

图 7-3-6 扁领宽松上衣

2. 规格尺寸（表 7-3-5）

表 7-3-5 扁领宽松上衣规格尺寸 （单位：cm）

号型	部位名称	胸围	背长	衣长	袖长	袖口宽
149/70A	净体尺寸	70	33	40	40	12
	成衣尺寸	104	33	40	40	12

3. 结构制版

（1）衣长。在原型腰围线基础上下降 17cm。

（2）肩线。后肩线，后肩线上升 1.5cm，肩点出 1cm，直线连接颈侧点；前肩线，前肩线上升 1.5cm，直线连接颈侧点，前后肩线等长。

（3）领围线。前后颈侧点出 1.5cm，前中心线下降 2cm，后中心线下降 1cm，曲线连接前后中心点。

（4）袖窿弧线。前后侧缝线出 2cm，后侧缝线和胸围线的交点下降 1.5cm，前侧缝线和胸围线的交点下降前下份 +1.5cm，曲线分别连接前后肩点，前后肩线与袖窿弧线呈直角。

（5）前后侧缝线与衣摆线。衣摆与侧缝线交点出 2.5cm，起翘使侧缝线与衣摆线呈直角。

（6）袖。一片袖制版，前后袖口外展 2cm，1.5cm 宽的袖口收带。

（9）领子。水兵领的制版方法。前后肩线交叠 2.5cm，前中心线下降 8cm，垂直前中心线 4cm，直线连接前颈窝点为前领宽；颈侧领宽 8cm；后领宽 8cm，同时在原型后领围线的基础上上升 0.5cm，作后中心线的垂直线，曲线连接颈侧领宽；颈侧领宽直线连接前领角宽，取此直线的 1/2 处垂直 2.5cm，曲线连接颈侧领宽。此处颈侧领宽较窄，前后肩线交叠的 2.5cm 对扁领领座起翘影响不大，所以此扁领领座较低，领面多平铺在肩部。

三、校服

校服主要包括运动类校服和制服类校服两种。运动类校服与休闲装的结构制版相同，以舒适为主，满足人体最大活动量，服装的款式设计与结构制版具有一定的运动机能；制服类校服一般在不妨碍人体活动的基础上进行设计，整体造型简洁明快，具有很强的标识性，因此细节设计明显。无论是运动类校服还是制服类校服，都属于校园职业装，因此具有很强的标识性，体现了一个学校的文化和指导思想，以安全、实用、健康的设计为主，是此阶段着装占比最大的服装。

（一）运动类校服

1. T 恤

（1）结构特点。宽松 H 型；原出身插肩袖，有袖底插片，增加活动量；V 领领口，小连体企领；小落肩，前片纵向剪切线，体现活泼动感。

（2）规格尺寸（表 7-3-6）。

表 7-3-6　T 恤规格尺寸　　　　　（单位：cm）

号型	部位名称	胸围	衣长	袖长	袖口宽	领宽	翻领宽
149/70A	净体尺寸	70	60	30	18	8.5	7
	成衣尺寸	90	60	30	18	8.5	7

（3）结构制版（图 7-3-7）。

① 衣长。在原型腰围线基础上下降 27cm。

② 原出身插肩袖。前后肩线以前后颈侧点为基点作水平线，长度为肩线长 + 袖长，前后肩线等长，前后袖中心线确定；作前后袖中心线的垂直线，长度为袖口宽；前后袖底插片，后袖侧缝线出 2cm，下降 2.5cm，前侧缝线出 2cm 下降 2.5cm+ 前下份量；前颈侧点以下领围线 3.5cm，直线连接到原后袖深辅助线上，并在此线段上取 7cm 为衣身与袖公共点，并以此点为基点直线连接前袖窿深，胖势 1cm，曲线连接两点，在腋点斜向上升 4.5cm，距离衣身与袖公共点 7.7cm，凹势 0.5cm，后袖底插片制版方法与前片相同；前后袖公共线，前颈侧点以下领围线 3.5cm，直线连接至后袖深辅助线上，取此线段 1/4 上升 1cm，曲线与前后袖底片上线等长，凹势 0.5cm 连接前后袖底宽，并延长修正袖口线与之呈直角。

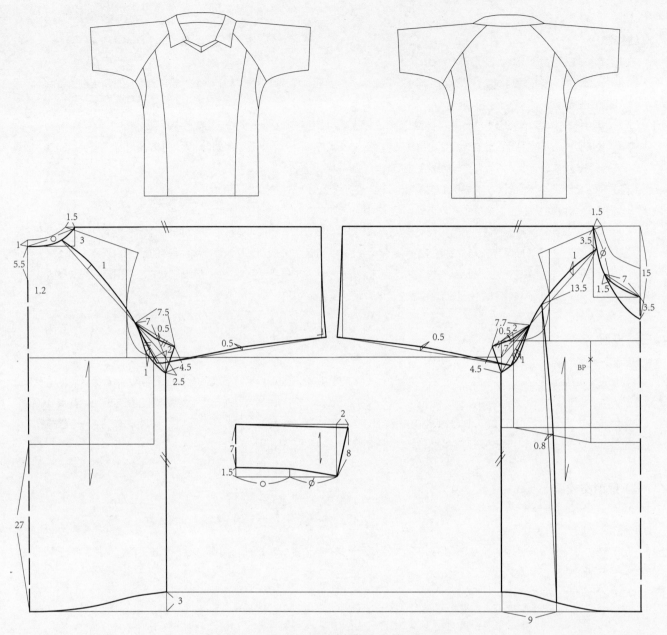

图 7-3-7 运动类校服——T 恤

③ 领围线。前颈侧点出 1.5cm，以衣上平线为基准线下降 15cm，再上升 3.5cm，并取 7cm 曲线连接至领围线上，形成前领拼片，连体企领结束点在前领拼片的 1.5cm 处；后领围线为颈侧点出 1.5cm，后中心线下降 1cm，曲线连接两点。

④ 连体企领。后领起翘 1.5cm，领宽 8.5cm，翻领 7cm。

2. 短裤

（1）结构特点。松紧带宽松式短裤，斜插袋，腰头抽松紧带。

（2）规格尺寸（表 7-3-7）。

表 7-3-7　短裤规格尺寸　　　　　　（单位：cm）

号型	部位名称	腰围	臀围	裤长	上裆长	裤口宽	腰头宽
150/61A	净体尺寸	61	78	43	25	21	2.5
	成衣尺寸	61	88	43	25	21	2.5

（3）结构制版（图7-3-8）。

　　① 前后臀围宽。H（成衣臀围）/4。

　　② 立裆深线。上裆长 -4cm。

　　③ 前后臀围线。1/3 立裆深线。

　　④ 小裆宽。0.5H*/10+0.5cm。

　　⑤ 小裆弯线。直线连接臀围线至小裆宽线，取斜线垂直线 2/3，曲线连接臀围线和小裆宽。

　　⑥ 前后侧缝线收 1cm，胖势连接至臀围线。

　　⑦ 后中心线倾斜为 15：2，起翘 1.5cm。

　　⑧ 大裆宽。后中心线倾斜线交于后中心线下降 1cm 的大裆宽辅助线上，长度为 H*/10+1cm。

　　⑨ 前后腰头 4cm，抽松紧带。在前后腰围线上直接量取，腰头侧缝线合并。

　　⑩ 前后裤口。前裤口宽 = 裤口宽 -1cm；后裤口宽 = 裤口宽 +1cm。同时，有 2.5cm 的裤口镶边。

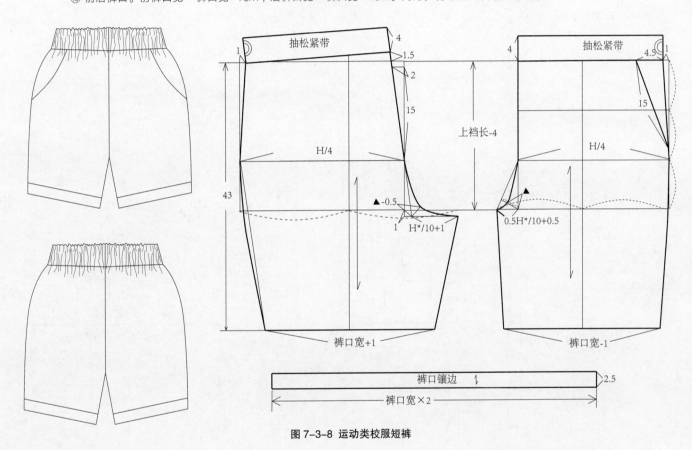

图 7-3-8 运动类校服短裤

3. 高腰背带裙

（1）结构特点。背带，合体半身，双排扣，半裙，裙身自由褶裥，A 型裙，侧缝拉链。

（2）规格尺寸（表7-3-8）。

表 7-3-8 高腰背带裙规格尺寸　　　　　　　　　　　（单位：cm）

号型	部位名称	腰围	裙长	背长
149/61A	净体尺寸	61	65	33
	成衣尺寸	61	65	33

（3）结构制版（图7-3-9）。

① 前后背带。前后颈侧点收5.5cm，背带肩宽3cm；前后中心线进8cm，宽4cm，直线连接肩带宽。

② 转移胸省至腋下。

③ 前后高腰。前腰高，前腰围线上升8cm；双排扣，在前中心线出7.5cm，纽扣距离高腰位线1.5cm，距离门襟边2cm，并对称做双排扣；后腰高，在前腰位线高的基础上后中心线下降2.5cm，曲线连接侧缝线。

④ 前后省。前腰省，胸位线与腰围线的交点进5cm，省量大2cm，省尖长距离胸高点4cm，前裙摆打开6cm，直线连接省量大，并将省量合并，形成完整的宽腰头和裙摆；前侧缝省，前侧缝线腰部收量为胸省转移后形态，前下摆展开2cm，直线连接。后腰省，背宽线进5cm，直线连接交于腰围线，省量大2cm，上省尖长超过胸围线2cm，裙下摆展开6cm，直线连接后省量大，并将省量合并，形成后无拼接线的高腰和后裙摆；侧缝省，后侧缝线收1.5cm，前后下摆展开2cm，直线连接。

⑤ 在前后中心线上，裙腰各展开7.5cm，收自由褶裥或规则褶。

⑥ 为使高腰位线更加合体，前后侧缝与高腰上围线向里各进0.5~0.7cm。

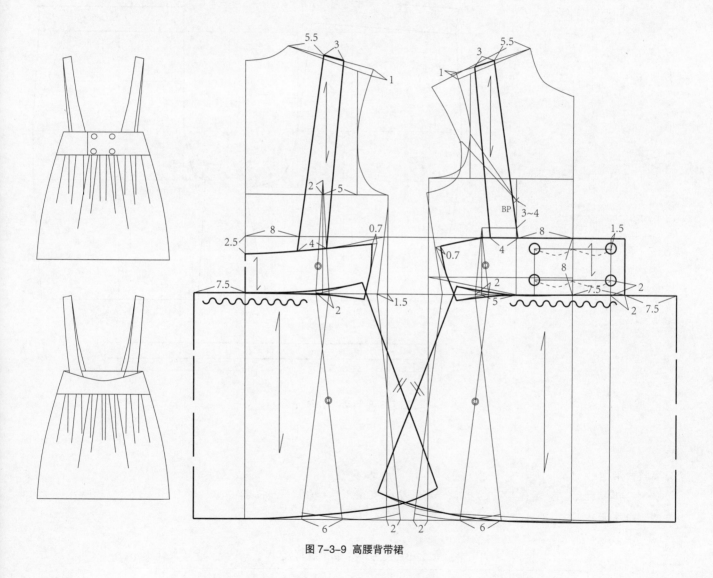

图7-3-9 高腰背带裙

4. 运动长袖上衣

（1）结构特点。长袖直身立领，插袋，拉链，领、衣摆、袖口为罗纹，低袖山高装袖，衣身与袖子有装饰线分割，分割片可采用同色或异色面料，形成青春靓丽、活泼好动的服饰形态。

（2）规格尺寸（表7-3-9）。

表7-3-9 运动长袖上衣规格尺寸　　　　　（单位：cm）

号型	部位名称	胸围	衣长	袖长	袖口宽
149/70A	净体尺寸	70	55	49	12
	成衣尺寸	90	55	49	12

（3）结构制版（图7-3-10）。

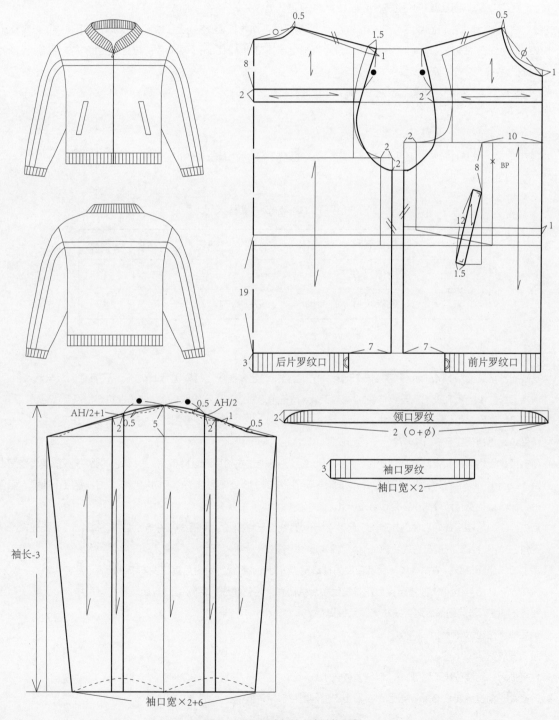

图7-3-10 运动长袖上衣结构制版

① 在原型背长 33cm 的基础上下降 19cm，同时加 3cm 的罗纹宽。

② 前后肩线。后肩线，以后肩顶点为基点上升 1cm，向外出 1.5cm，直线连接后颈侧点，形成落肩平袖肩；前肩线与后肩线等高，长度相等。

③ 前后领围线。前领围线，前颈侧点出 0.5cm，前颈窝点下降 1cm，曲线修顺领围线；后领围线，后颈侧点出 0.5cm，曲线修顺至后中心点。

④ 前后袖窿弧线。后袖窿弧线，后袖腋点出 2cm，下降 2cm，曲线连接后落肩顶点；前袖窿弧线，前袖腋点出 2cm，与后袖腋点深相同，曲线连接前落肩顶点。

⑤ 前后衣身分割片。后中心线下降 8cm，分割片宽 2cm。

⑥ 插袋。胸围线与前中心线的交点进 10cm，下降 8cm，口袋长 12cm、宽 1.5cm，长宽呈直角。

⑦ 后片罗纹口。前后侧缝线向里进 7cm，宽 3cm，侧缝线处合并。

⑧ 袖。袖长 -3cm（袖口罗纹宽），袖山高 5cm，前袖弧线辅助线长 AH/2，上弧线起弧 0.5cm，下弧线下弯 0.5cm；后袖弧线辅助线长 AH/2+1cm，上弧线起弧 0.5cm；袖口 = 袖口宽 ×2+6cm；袖割片的位置、宽度与衣身割片相吻合；袖口罗纹长为袖口宽 ×2，宽 3cm。

⑨ 领口罗纹。长为前后领围线，宽 2cm，前领上围线呈弧线造型。

5. 运动长裤

（1）结构特点。直身长裤，插袋，腰头罗纹口，裤装挺缝线处有分割片，裤脚有贴边。

（2）规格尺寸（表 7-3-10）。

表 7-3-10 运动长裤规格尺寸　　　　　（单位：cm）

号型	部位名称	腰围	臀围	裤长	上裆长	裤口宽
149/61A	净体尺寸	61	78	92	25	19
	成衣尺寸	61	97	92	25	19

（3）结构制版（图 7-3-11）。

① 基础线。前臀围宽 H/4-1cm，上裆长 25cm，1/3 上裆长确定臀围线；后臀围宽 H/4+1cm，其他制版与前片相同。

② 前裆弯线。小裆宽 0.5H/10 直线与臀围线连接，直角三角形斜边的垂直线取 2/3，曲线连接臀围点、小裆宽。

③ 前后挺缝线、髌骨线。前后挺缝线，（大小裆宽 + 臀围宽）/2，直线上交腰围线，下交裤口线，长度为裤长 -3cm；前后髌骨线，上裆长线至裤口线 1/2 上升 3cm。

④ 前裤口线、侧缝线、内侧缝线。前裤口线，以挺缝线为基准左右对称测量裤口宽 /2-1cm；侧缝线，前髌骨线宽为前裤口宽 +1.5cm，曲线连接臀围线至裤口线，髌骨线与臀围线的 1/3 处凹势 0.5cm；内侧缝线，曲线连接小裆宽、髌骨线宽至裤口宽，小裆宽至髌骨线 1/2 处凹势 0.7cm。

⑤ 后中心线、后裆弯线。后倾斜 15：2，起翘 2cm，直线交于臀围线、上裆线，并与上裆线下降 1cm 直线连接，所形成的钝角的角平分线长为前裆弯线宽 -0.5cm，曲线连接臀围线。

⑥ 后裤口线、侧缝线、内侧缝线。后裤口宽为裤口宽 /2+1cm，髌骨线宽为后裤口宽左右 +1cm；后内侧缝线，大裆宽至髌骨线 1/2 处凹势 1cm，曲线连接后髌骨线宽和后裤口宽；后侧缝线，后臀围线与后髌骨线宽直线连接，与上裆线形成的线段的 1/2，胖势画顺后髌骨线宽、后裤口宽。

⑦ 前后裤脚贴边宽 2cm。

⑧ 腰头罗纹宽 3cm。

⑨ 侧缝插袋。前腰位线下降 3cm，侧缝插袋长 13.5cm。

⑩ 分割片。前挺缝线取 2cm。与运动长袖上衣的分割片遥相呼应。

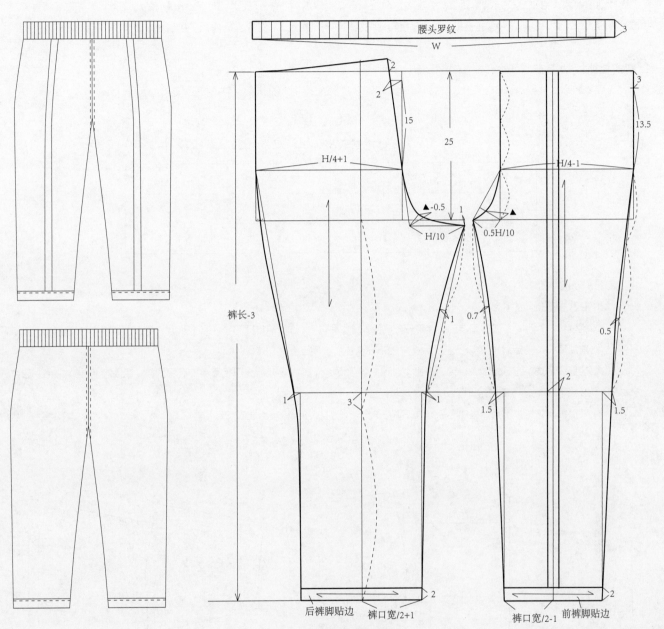

腰头罗纹

W

裤长-3

H/4+1   H/4-1

25   15   13.5

▲-0.5   1

H/10   0.5H/10

▲   3

1   0.7   0.5

2   2

1   3   1   1.5   1.5

后裤脚贴边   裤口宽/2+1   裤口宽/2-1   前裤脚贴边

图 7-3-11 运动长裤结构制版

（二）制式校服

制式校服，又称为制服式校服，是指相同学校的学生所穿的有一定校园文化的正式校服。制服式校服与运动类校服形制差异明显，制服式校服更加严谨和正式，学校理念文化更为突出，有校服职业装之称，其款式简洁大方、时尚青春。此类服装一般男生款为翻驳领小西装配小西裤，女生款则下配较短的短裙或背带裙，其设计点主要在小西装廓型不变的情况下进行细节设计。如女生上装 X 型或 H 型翻驳领小西装，男生上装 H 型小西装，公主线，两粒扣，衣领、前中心线、下摆、袖口边缘镶饰贴边或亮条；男生下装为简洁大方的小西裤，女生下装则为 A 型褶裥裙，腰身采用功能性结构线，既满足人体的造型之需，又起到很好的装饰作用。

1. 制式校服短袖上衣

（1）结构特点。H 型，连体企领（小翻领），过肩，育克，灯笼袖，袖口抽碎褶，单排扣，4 粒扣。

（2）规格尺寸（表 7-3-11）。

表 7-3-11 制式校服短袖规格尺寸　　　　（单位：cm）

号型	部位名称	胸围	背长	衣长	袖长	袖口宽
149/70A	净体尺寸	70	33	50	20	15
	成衣尺寸	90	33	50	20	15

（3）结构制版（图 7-3-12）。

① 在背长 33cm 的基础上下降 17cm。

② 腰位线，以前腰位线为基准，将前下份分成两部分，取 1cm 作为前后腰位线，剩下的另一部分作为前衣身加长部分。

③ 前后肩线。前后肩线顶点出 2cm，上升 2.5cm 与前后颈侧点直线连接。

④ 前后领围线。前领围线，前颈侧点出 1.5cm，前颈窝点下降 2cm，曲线连接两点；后领围线，后颈侧点出 1.5cm，后中心线下降 1cm，曲线连接两点。

⑤ 前后袖窿弧线。前后胸围线出 2cm，下降 2.5cm，分别曲线连接前后成衣肩点。

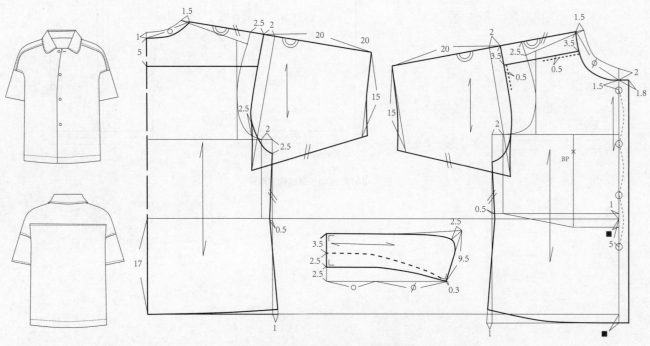

图 7-3-12 制式校服短袖上衣结构制版

⑥ 前后侧缝线。前后侧缝线腰围线处进 0.5cm，下摆出 1cm，直线连接各点。

⑦ 过肩、育克。过肩，前肩线和前颈侧点下降 3.5cm 直线连接；育克，后中心点下降 5cm，直线连接至后袖窿弧线上。

⑧ 一片袖。采用在衣身上制版的方式，袖长 20cm，袖口宽 15cm。前后袖中线合并。

⑨ 连体圆角企领。后中心起翘 2.5cm，后领座高 2.5cm，领面宽 3.5cm，长度为半身前后领圈长 -0.3cm，前领角宽 9.5cm，圆角收 2.5cm。

2. 制式校服长袖上衣

（1）结构特点。X 型，戗驳领，单排扣，有袋盖的挖带，公主线，领、衣身下摆有镶边，袖口装饰分割片的两片袖。

（2）规格尺寸（表 7-3-12）。

表 7-3-12 制式校服长袖上衣规格尺寸　　　（单位：cm）

号型	部位名称	胸围	衣长	袖长	袖口宽
149/70A	净体尺寸	70	50	50	13
	成衣尺寸	82	50	50	13

（3）结构制版（图 7-3-13）。

① 衣长。在原型背长的基础上下降 17cm。

② 前后肩线。前后颈侧点进 1cm，前后肩线上升 1cm，直线连接两点。

③ 前后领围线。前后颈侧点进 1cm，曲线连接前颈窝点、后中心点。

④ 前后省。胸省转移至袖窿弧线上，前腰省在胸位线与腰围线的交点进 5cm，省量大 2cm，下摆展开 2.5cm，省尖长偏离胸高点 4cm，直线连接各点；背宽线进 5cm 作后中心线的平行线交于腰围线，省量大 2cm，上省尖长过胸围线 2cm，交于后袖窿弧线上，下摆外展 2.5cm，曲线连接各点。前后侧缝省，前后腋点下降 1.5cm，后侧缝线收 1.5cm，前侧缝线保留胸省转移后的侧缝线造型，前后衣摆外展 1cm，直线连接各点；后中心线省，后中心线腰围处收 1cm，上省尖长至胸围线以上 2/3 处，直线连接各点至衣摆。

⑤ 前后袖窿弧线。前后腋点下降 1.5cm，曲线连接修正后的前后肩顶点。

⑥ 戗驳领。单叠门宽 2cm；翻折止点前腰围线上升 5cm；延长肩线 2.5cm，直线连接翻折止点，翻折线辅助线完成；颈侧点向肩点取 0.7cm 作翻折线辅助线平行线，长度为后领圈长，倒伏 2.5cm，交于 0.7cm，长度为后领圈长，作此线段垂直线，取领座高 3cm，领面宽 4cm；前肩宽 1/2 引出斜线，经过前颈窝点上升 0.5cm 处，并与翻折线辅助线上引出垂线 8.8cm 驳领宽相交，驳领领角宽 5.5cm，宽 3.8cm，曲线胖势连接翻领领面宽，驳领胖势 0.5cm。

⑦ 翻折止点为第一个扣位，第二个扣位下降 8cm。

⑧ 口袋。前侧缝线向里 1.5cm，作 4cm 垂线，向侧缝线 1cm 为袋盖外边点，袋盖总长 12.5cm，靠近侧缝的袋盖外边宽 4.5cm，斜向 1cm，靠近前中心的袋盖外边倾斜 1.5cm，且为圆角。

⑨ 领与下摆镶边 1cm。

⑩ 两片袖。在一片原型袖的基础上进行制版，前袖宽 1/2 作袖中心线平行线上交前袖弧线，与袖肘相交为基点向里收 0.5cm，与袖口线相交为基点向外出 0.5cm，直线连接各点完成前大小袖缝辅助线；以前大小袖缝线为基线，在前袖宽线上向两边各取 2cm，在前袖肘线上向两边各取 2cm，在袖口线处向两边各取 2cm，曲线连接，前大袖凹势连接至袖弧线上，前小袖凹势连接与前大袖等长；后袖宽 1/2 作袖中心线的平行线上交后袖弧线，向下交袖肘线和袖口线，以前大小袖口辅助点为基点取袖宽 13cm，直线连接后袖宽 1/2 处，在袖肘处与第一根辅助线形成的线段等分，向上连接后袖宽的 1/2 处，向下交于袖口辅助线，成为后袖缝线辅助线，以后大小袖缝辅助线为基线，在袖宽线处向两边各取 2cm，袖肘处向两边各取 2cm，袖口处向两边各取 1.5cm，曲线连接各点，后大袖胖势连接交于袖弧线上，后小袖胖势连接与后大袖等长；后袖缝辅助线延长 0.5cm 直角与前大小袖缝辅助线曲线连接；小袖弧线，前后小袖缝线顶点曲线经过袖中心线连接；袖分割片，袖口向上 4cm，分割片 1cm。

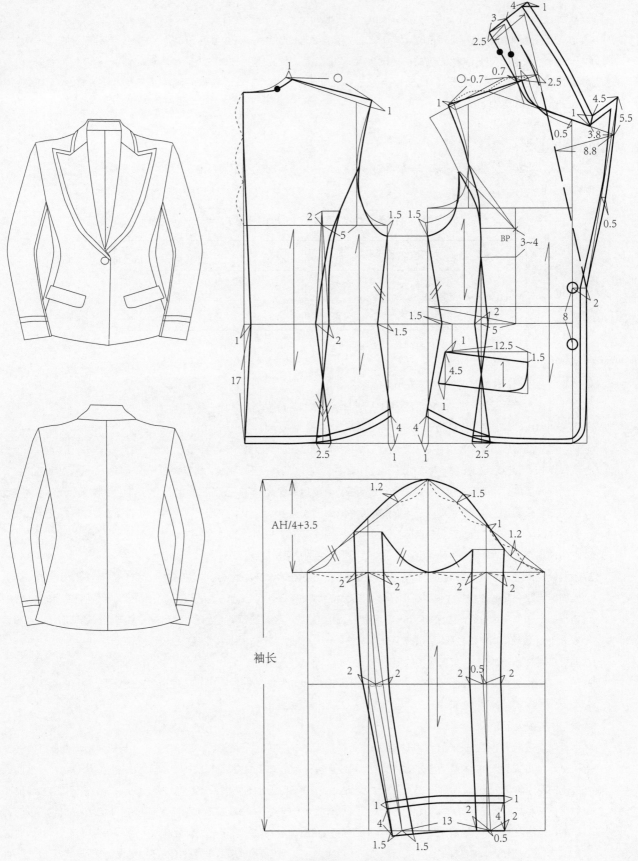

图 7-3-13 制式校服长袖上衣结构制版

3. 制式校服长裤

（1）结构特点。制式裤子具有西裤的某些特点，裤型合体严谨。此款裤型为长直筒裤，靠近前侧有分割片，与上衣的镶边呼应，前后两个省，斜向插袋。

（2）规格尺寸（表7-3-13）。

表7-3-13 制式校服长裤规格尺寸
（单位：cm）

号型	部位名称	腰围	臀围	股上长	裤长	裤口宽
150/61A	净体尺寸	61	78	24	86	18
	成衣尺寸	61	78	24	86	18

（3）结构制版（图7-3-14）。

此裤型与裤原型制版相同，在此不再赘述，现将细节制版进行论述。

① 前裤缝分割片1.5cm。

② 斜向插袋。分割片进2cm，斜向交于分割片结构线上，长度为15cm，3cm为斜插袋固定部位。

③ 裤祥。前裤祥在挺缝线省量位，后裤祥分别在后中心线向里进2.5cm和后中心线位。长度5cm，与裤身连接1.5cm，与腰头连接3.5cm。

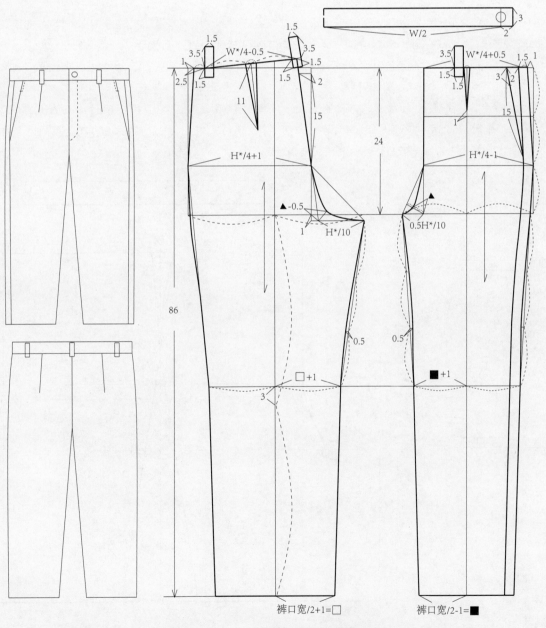

图7-3-14 制式校服长裤结构制版

4. 制式校服裙裤

（1）结构特点。在裙子的基础上进行裙裤结构制版设计，腰围两侧抽松紧带，与简洁的落肩式小衬衣搭配，具有简洁明快、舒适大方的整体效果。

（2）规格尺寸（表7-3-14）。

表7-3-14 制式校服裤裙规格尺寸　　　　　（单位：cm）

号型	部位名称	腰围	臀围	裤长
150/61A	净体尺寸	61	78	45
	成衣尺寸	61	82	45

（3）结构制版（图7-3-15）

在原型裙的基础上进行裙裤的结构制版。

① 上裆长。臀高 1/2，沿前中心线下降臀高 /2。

② 前后腰围线。前腰围线 W/4+2cm，在腰围辅助线上所剩尺寸为臀腰差量，将臀腰差量三等分，其中一份给侧缝，另外两份为前裙裤腰松紧带褶量，侧缝起翘 0.7cm，曲线与前腰围辅助线相切；后腰围线，后腰围线长 W/4-2cm，与前腰围线的制版相同，同样将其中一份给侧缝，另外两份为后裤腰松紧带褶量，后中心线下降 0.5cm，后侧缝线起翘 0.7cm，曲线连接各点，后中心线与腰围线呈直角。

③ 大小裆弯线。小裆，小裆宽为 1/2 前臀围宽 -2cm，直线与臀围线连接，在直角处引出斜线垂直于三角形斜边，取其 1/2，并下降 0.5cm，曲线连接各点并与前中心线相连接；大裆，大裆宽为 1/2 前臀围宽，在直角处引出斜线垂直于三角形斜边，取其 1/2，曲线连接各点并与后中心线相连接。

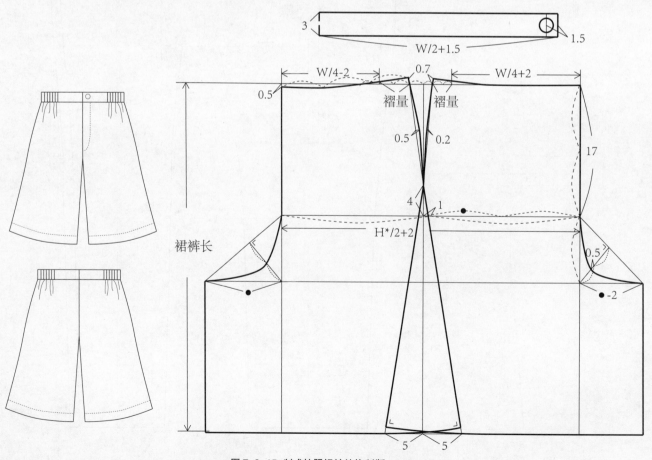

图 7-3-15 制式校服裙裤结构制版

④ 前后侧缝线。臀围线以上 4cm，前侧缝线胖势 0.2cm，后侧缝线胖势 0.5cm；前后下摆各打开 5cm，直线连接，并分别起翘呈直角曲线与裙裤摆相切。

⑤ 前后内侧缝线。由于人体行走时两腿呈直线前行，内侧缝线极易摩擦，一般情况下内侧缝线不外展。

　　裙裤的制版方式很多，可在裤子原型的基础上进行裤身放量，但这种裙裤，腰身一般较为合体修身，主要用于成人装中。以裙原型为基准的裙裤制版，更加宽松舒适，裆部也相对较深，多用于休闲类女装中，也是童装裙裤常用版型之一。

5. 制式校服褶裥裙

（1）结构特点。制式校服褶裙，A 型褶裥裙身，功能性分割线，裙上片合体，省量合并，下片工字褶展开 12cm，侧缝拉链。

（2）规格尺寸（表 7-3-15）。

表 7-3-15　制式校服褶裥裙规格尺寸　　　　　　（单位：cm）

号型	部位名称	腰围	臀围	裤长
150/61A	净体尺寸	61	78	45
	成衣尺寸	61	82	45

（3）结构制版（图 7-3-16）。

① 前后中心线的臀围线处上升 6cm 为分割线起点，直线平行于臀围线交于侧缝线，并在此侧缝线处上升 4cm，斜线连接为前后裙片装饰性结构线。前腰围省在前腰围宽 1/2 处 1 个省，长度与斜向结构线相交，合并前省大；后腰围省在后腰围宽 1/3 处两个省，省尖长度交于斜向结构线上，合并后省大。

② 前后裙下片。前后裙侧缝线外展 5cm，直线与臀围线上升 4cm 处连接；前后裙宽分成三等份，纸样剪开平行展开 12cm，工字褶符号标注。

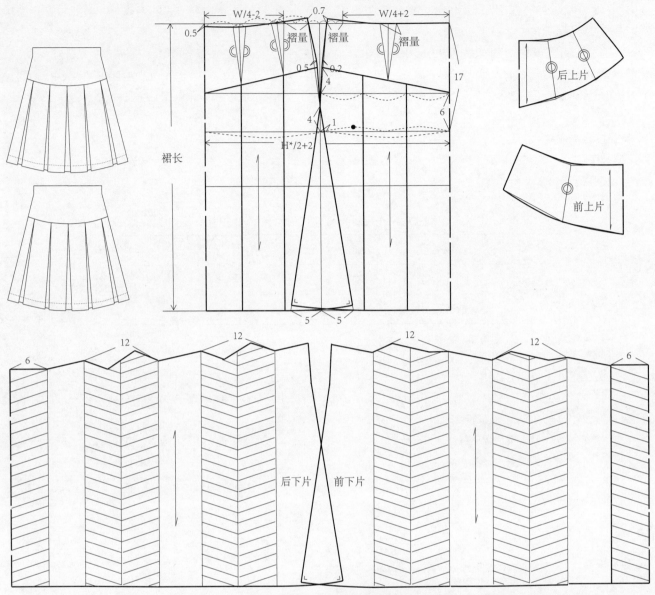

图 7-3-16 制式校服褶裥裙结构制版

【课后练习题】

（1）熟练掌握少年期童装的制版原理与方法。

（2）制版并制作不同类型少年装。

（3）设计、制版并制作1:1创新性少年装。

【课后思考】

（1）不同时期少年体型特征之间的差异性。

（2）如何更好地进行少年装的创新性结构设计？